Zur Einführung.

Die **Werkstattbücher** behandeln das Gesamtgebiet der Werkstattstechnik in kurzen selbständigen Einzeldarstellungen; anerkannte Fachleute und tüchtige Praktiker bieten hier das Beste aus ihrem Arbeitsfeld, um ihre Fachgenossen schnell und gründlich in die Betriebspraxis einzuführen.

Die Werkstattbücher stehen wissenschaftlich und betriebstechnisch auf der Höhe, sind dabei aber im besten Sinne gemeinverständlich, so daß alle im Betrieb und auch im Büro Tätigen, vom vorwärtsstrebenden Facharbeiter bis zum leitenden Ingenieur, Nutzen aus ihnen ziehen können.

Indem die Sammlung so den einzelnen zu fördern sucht, wird sie dem Betrieb als Ganzem nutzen und damit auch der deutschen technischen Arbeit im Wettbewerb der Völker.

Bisher sind erschienen:

Heft 1: **Gewindeschneiden.** Zweite, vermehrte und verbesserte Auflage. Von Oberingenieur O. M. Müller.

Heft 2: **Meßtechnik.** Zweite, verbesserte Auflage. (7.–14. Tausend.) Von Professor Dr. techn. M. Kurrein.

Heft 3: **Das Anreißen in Maschinenbauwerkstätten.** Zweite, völlig neubearbeitete Auflage. (13.–18. Tausend.) Von Ing. Fr. Klautke.

Heft 4: **Wechselräderberechnung für Drehbänke.** (7.–12. Tausend.) Von Betriebsdirektor G. Knappe.

Heft 5: **Das Schleifen der Metalle.** Zweite, verbesserte Auflage. Von Dr.-Ing. B. Buxbaum.

Heft 6: **Teilkopfarbeiten.** (7.–12. Tausend.) Von Dr.-Ing. W. Pockrandt.

Heft 7: **Härten und Vergüten.** 1. Teil: Stahl und sein Verhalten. Dritte, verbess. u. vermehrte Aufl. (18.–24. Tsd.) Von Dr.-Ing. Eugen Simon.

Heft 8: **Härten und Vergüten.** 2. Teil: Praxis der Warmbehandlung. Zweite, verbesserte Aufl. (16.–17. Tsd.) Von Dr.-Ing. Eugen Simon.

Heft 9: **Rezepte für die Werkstatt.** 2. verbess. Aufl. (11.–16. Tsd.) Von Dr. Fritz Spitzer.

Heft 10: **Kupolofenbetrieb.** 2. verbess. Aufl. Von Gießereidirektor C. Irresberger.

Heft 11: **Freiformschmiede.** 1. Teil: Technologie des Schmiedens. — Rohstoffe der Schmiede. Von Direktor P. H. Schweißguth.

Heft 12: **Freiformschmiede.** 2. Teil: Einrichtungen und Werkzeuge der Schmiede. Von Direktor P. H. Schweißguth.

Heft 13: **Die neueren Schweißverfahren.** Zweite, verbesserte u. vermehrte Auflage. Von Prof. Dr.-Ing. P. Schimpke.

Heft 14: **Modelltischlerei.** 1. Teil: Allgemeines. Einfachere Modelle. Von R. Löwer.

Heft 15: **Bohren.** Von Ing. J. Dinnebier.

Heft 16: **Reiben und Senken.** Von Ing. J. Dinnebier.

Heft 17: **Modelltischlerei.** 2. Teil: Beispiele von Modellen und Schablonen zum Formen. Von R. Löwer.

Heft 18: **Technische Winkelmessungen.** Von Prof. Dr. G. Berndt.

Heft 19: **Das Gußeisen.** Von Ing. Joh. Mehrtens.

Heft 20: **Festigkeit und Formänderung.** Von Studienrat Dipl.-Ing. H. Winkel.

Heft 21: **Einrichten von Automaten.** 1. Teil: Die Systeme Spencer und Brown & Sharpe. Von Ing. Karl Sachse.

Heft 22: **Die Fräser.** Von Ing. Paul Zieting.

Heft 23: **Einrichten von Automaten.** 2. Teil: Die Automaten System Gridley (Einspindel) u. Cleveland u. die Offenbacher Automaten. Von Ph. Kelle, E. Gothe, A. Kreil.

Heft 24: **Stahl- und Temperguß.** Von Prof. Dr. techn. Erdmann Kothny.

Heft 25: **Die Ziehtechnik in der Blechbearbeitung.** Von Dr.-Ing. Walter Sellin.

Heft 26: **Räumen.** Von Ing. Leonhard Knoll.

Heft 27: **Einrichten von Automaten.** 3. Teil: Die Mehrspindel-Automaten. Von E. Gothe, Ph. Kelle, A. Kreil.

Heft 28: **Das Löten.** Von Dr. W. Burstyn.

Heft 29: **Kugel- und Rollenlager (Wälzlager).** Von Hans Behr.

Heft 30: **Gesunder Guß.** Von Prof. Dr. techn. Erdmann Kothny.

Heft 31: **Gesenkschmiede.** 1. Teil: Arbeitsweise und Konstruktion der Gesenke. Von Ph. Schweißguth.

Heft 32: **Die Brennstoffe.** Von Prof. Dr. techn. Erdmann Kothny.

Heft 33: **Der Vorrichtungsbau.** I: Einteilung, Einzelheiten u. konstruktive Grundsätze. Von Fritz Grünhagen.

Heft 34: **Werkstoffprüfung (Metalle).** Von Prof. Dr.-Ing. P. Riebensahm und Dr.-Ing. L. Traeger.

Fortsetzung des Verzeichnisses der bisher erschienenen sowie Aufstellung der in Vorbereitung befindlichen Hefte siehe 3. Umschlagseite.

Jedes Heft 48—64 Seiten stark, mit zahlreichen Textabbildungen.

WERKSTATTBÜCHER
FÜR BETRIEBSBEAMTE, VOR- UND FACHARBEITER
HERAUSGEGEBEN VON DR.-ING. EUGEN SIMON, BERLIN
=== HEFT 41 ===

Das Pressen der Metalle
(Nichteisenmetalle)

Von

Dr.-Ing. A. Peter

Mit 72 Abbildungen im Text

Berlin
Verlag von Julius Springer
1930

ISBN-13: 978-3-7091-9764-6   e-ISBN-13: 978-3-7091-5025-2
DOI: 10.1007/978-3-7091-5025-2

Inhaltsverzeichnis.

	Seite
I. Einleitung	3

Entwicklung des Warmpreßverfahrens S. 3.

II. Verwendungsgebiete ... 4

Preßmessing S. 4. — Preßaluminium S. 5. — Preßelektron S. 6.

III. Preßmetall-Legierungen ... 7

Preßmessing-Legierungen S. 7. — Preßaluminium-Legierungen S. 9. — Preßmagnesium-Legierungen S. 10.

IV. Bildsamkeit der Preßmetalle ... 11

V. Schnittbearbeitbarkeit ... 13

VI. Eigenschaften der Preßteile ... 15

Mechanische Festigkeit bei Normaltemperatur S. 15. — Mechanische Warmfestigkeit S. 17. — Gleitfähigkeit S. 17. — Leitfähigkeit S. 18. — Korrosion S. 19. — Herstellungsgenauigkeit S. 21.

VII. Herstellung von Preßstangen und Preßteilen ... 22

VIII. Maschinen für die Metallpresserei ... 23

Strangpresse S. 23. — Preßprofile von Stangen S. 24. — Abschneidemaschinen S. 24. — Öfen zum Erwärmen der Preßrohlinge S. 25. — Maschinen zum Formpressen S. 26. — Abgratmaschinen S. 28. — Einrichtung zum Beizen der Preßteile S. 28.

IX. Konstruktion von Preßteilen ... 29

X. Grundarten des Warmpressens ... 30

XI. Herstellungsbeispiele ... 32

1. Messingpreßteile S. 32. — 2. Aluminiumpreßteile S. 36. — 3. Elektronpreßteile S. 37.

XII. Werkzeuge ... 38

a) Preßwerkzeuge für die Strangpresse S. 38. — b) Gesenke für die Formpressen S. 38. — c) Aufspannung für die Gesenke S. 39. — d) Werkzeuge zum Abgraten S. 40. — e) Herstellung der Gesenke S. 40. — f) Härten der Gesenke S. 45.

XIII. Wirtschaftlichkeit des Pressens ... 46

Gesenkkosten S. 46. — Gesenkverschleiß S. 46. — Vergleich verschiedener Herstellungskosten S. 47.

Alle Rechte, insbesondere das der Übersetzung in fremde Sprachen, vorbehalten.

I. Einleitung.

Entwicklung des Warmpreßverfahrens. Da Deutschland arm an Metallerzen, besonders an Kupfer und Zinn ist, und diese Rohstoffe auch vor dem Kriege fast ausschließlich aus dem Auslande bezogen wurden, hat schon frühzeitig das Bestreben eingesetzt, mit diesen Metallen möglichst hauszuhalten und ihre Verarbeitung auf das sorgsamste durchzubilden.

Anstatt der hochhaltigen Bronzen mit 80÷95% Cu, Rest Sn oder Rotguß mit 80÷90% Cu, einem Zusatz von Sn, Rest Zn versuchte man billigere, kupferarme Messinglegierungen zu verwenden.

Nun zeigte es sich, daß bei Messing unter 63% Cu beim Gießen erhebliche Schwierigkeiten dadurch eintreten, daß die Legierung zum Seigern und zu Rißbildungen neigte. Die Festigkeitseigenschaften dieser Legierungen waren auch nicht günstig.

Bei den Versuchen, Messing mit höchstens 60% Cu zu verwenden, stellte man fest, daß diese Legierungen sich zwar schlecht vergießen, aber sich desto besser warm schmieden lassen.

Das Warmpressen von Messing ist Ende des vorigen Jahrhunderts zuerst in Deutschland eingeführt worden. Bereits im Jahre 1891 hat die Deutsche Delta-Metall-Gesellschaft, Düsseldorf-Grafenberg, Metallpreßteile unter einem Stanzhammer hergestellt, und um die Jahrhundertwende hat die AEG die Erzeugung von gepreßten Messingteilen für elektrische Kontaktstücke, Ausrüstungsteile für Gas- und Wasserleitungen in größerem Umfange aufgenommen. Erst später, nachdem Preßteile nach England ausgeführt worden waren, hat sich auch dort die Herstellung eingeführt. In amerikanischen Zeitschriften wird berichtet, daß die Erzeugung von Preßteilen erst während des Krieges aufgenommen und hauptsächlich zur Herstellung von Zünderteilen verwendet wurde. Eigenartigerweise hat dort bisher die Herstellung von Preßteilen nicht den Umfang angenommen, wie es in Anbetracht der großen Massenherstellung, z. B. für den Automobilbedarf, hätte erwartet werden können.

Mit der zunehmenden Verwendung von Aluminium für die Herstellung von Metallteilen fand auch hierfür das Pressen bald Eingang. Aus Reinaluminium werden nicht nur Stangen gepreßt, sondern auch Preßteile hergestellt, die besonders für elektrische Freileitungsarmaturen Verwendung finden.

Die Herstellung von vergütbaren Aluminiumlegierungen, wie Duralmin, Scleron, Lautal usw. erfordern einen gepreßten (durchgekneteten) Werkstoff, da sich die Legierungen nur in diesem Zustande vergüten lassen. Hierdurch ist für die Preßtechnik ein neues Gebiet entstanden, das heute bereits eine große Bedeutung für die Herstellung von Stangen und Formteilen gefunden hat.

Auch für die Magnesiumlegierungen (Elektron) ist das Pressen von Stangen und Formteilen von großer Bedeutung. Elektron ließ sich früher nur in völlig trockenen Sandformen vergießen, was erhebliche Schwierigkeiten bereitete. Deshalb zog man vor, den Werkstoff hauptsächlich in Stangen zu pressen, die zur Weiterverarbeitung auf den Markt kamen. Aus den Stangenabschnitten wurden vielfach Preßteile, z. B. Automobilkolben, in größerem Umfange hergestellt. Trotzdem heute das Gießen von Elektron in nasse Sandformen gelungen ist, finden für hochbeanspruchte Teile, besonders für den Fahrzeugbau, Preßteile vielseitige Verwendung.

II. Verwendungsgebiete.

Preßmessing. Mit dem Aufschwung der Elektrotechnik trat ein großer Bedarf an Metallteilen ein. Kabelschuhe ließen sich leicht im Gesenk pressen und bewährten sich infolge ihres dichten Gefüges als stromführend besonders gut.

Durch diese Erfolge angeregt, ging man dazu über, auch schwierigere Teile

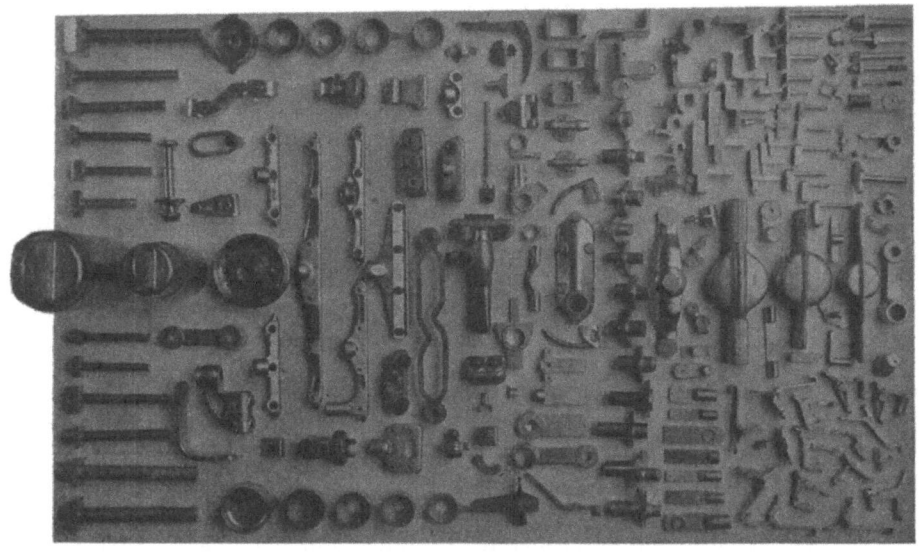

Abb. 1. Ausrüstungsteile für Elektroindustrie.

die bisher in Bronze gegossen wurden, als Preßteile aus Messing herzustellen, so daß heute fast alle Metallteile für elektrische Apparate und Einrichtungen, wie Kabelschuhe, Sicherungsböcke und Kontaktstücke aller Art als Preßteile hergestellt werden (Abb. 1).

Fahrdrahtklemmen für elektrische Straßenbahnen wurden schon frühzeitig aus Preßmessing hergestellt, weil sie infolge der hohen Festigkeit von Preßmessing in ihrer Bauart leicht gehalten werden konnten und durch das gepreßte gleichmäßige Gefüge eine hohe Sicherheit gegen Bruchgefahr boten.

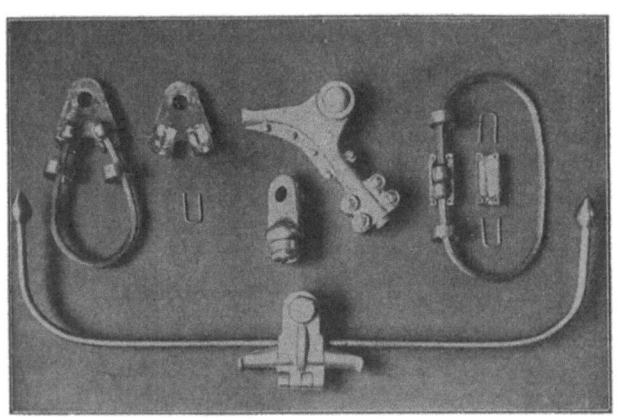

Abb. 2. Hochspannungsfreileitungs-Armaturen.

Durch den Ausbau der Hochspannungsfreileitungen wurden für die Aufhängung und Verbindung der Leitungen zuverlässige Armaturen verlangt. Bei ihrer Konstruktion muß neben der zweckmäßigen Anordnung auf möglichst große Stoffersparnis Rücksicht genommen werden; auch muß die Festigkeit in jeder Weise sichergestellt sein.

Während früher für diese Armaturen besondere Bronzen verwendet wurden, die als Gußteile starke Überabmessungen hatten, hat sich in den letzten Jahren Preßmessing im großen Umfange eingeführt und einwandfrei bewährt (Abb. 2).

Bei Gas- und Wasserarmaturen wurde bisher noch viel Messing und Rotguß verwendet, was zum Teil auf die nur für Gußzwecke geeignete Konstruktion zurückzuführen war. Heute hat Preßmessing bei Druckarmaturen und bei stark beanspruchten Griffen und Hebeln den Rotguß fast ganz verdrängt. Ventilkörper für Gasflaschen werden fast ausschließlich in Preßmessing ausgeführt, auch für Körper, die für Gase vollkommen undurchlässig sein müssen, z. B. Benzinvergaser, findet Preßmessing gegenüber dem bisher verwendeten Rotguß mehr und mehr Verwendung.

Früher hat man im Fahrzeugbau (Automobil- und Lokomotivbau) fast ausschließlich Bronze verwendet, weil man glaubte, daß dies teuere Material auch für alle Zwecke hier das Beste wäre. Nach Erkenntnis der großen Vorzüge von Preßmessing hat hier seine Verwendung einen großen Umfang angenommen: Im Automobilbau werden Lagerschalen, Radkappen, Hebel und Griffe aus Preßmessing hergestellt und haben sich infolge der hohen Festigkeit dieses Stoffes und der sauberen Oberfläche der Stücke gut bewährt (Abb. 3).

Größere Schwierigkeiten hat die Einführung von Preßmessing an Stelle von Rotguß im Lokomotivbau

Abb. 3. Automobilteile.

bereitet. Obwohl seit Jahrzehnten die Metallteile der Bremsen (Kunze-Knorr und Westinghouse) fast alle aus Preßmessing hergestellt wurden und sich dort als brauchbar erwiesen hatten, konnte man sich bei der Reichsbahn nur schwer entschließen, bei der Normung der Lokomotivarmaturen Preßmessing vorzusehen. Als man es dennoch tat und Verschraubungen und Überwurfmuttern aus Preßmessing herstellte, regten die großen Ersparnisse hierbei dazu an, umfangreiche Versuche mit fast allen in ihrer Form preßbaren Armaturen aus Preßmessing anzustellen. Hierdurch wurde der Preßtechnik ein neues großes Gebiet erschlossen (Abb. 4).

Im Schiffbau werden für die Metallteile vielfach Preßteile aus einer besonderen seewasserbeständigen Legierung verwendet. Verschraubungen, Knebel für Schiffsfenster, Ventilsitze und Stoffbüchsen sind seit Jahren im Gebrauch und haben sich in bezug auf Verschleiß und Korrosion günstig verhalten (Abb. 5).

Preßaluminium. Für die Verwendung von Preßteilen aus Reinaluminium kommen fast ausschließlich in Frage: Freileitungsarmaturen und elektrische Kontaktteile, die dauernd der Witterung ausgesetzt sind. Nur aus diesem Werkstoff haben derartige Armaturen den großen Korrosionswiderstand, der gegen die Angriffe der Witterung nötig ist.

Für elektrische Armaturen, für Apparate und Fahrzeugteile wurden außerdem

Preßteile aus einer Al-Cu-Legierung (Bahnaluminium) und einer Al-Si-Legierung (Silumin) hergestellt, doch konnten diese Teile sich nicht in größerem Umfange einführen, da sich diese Legierungen verhältnismäßig schwer pressen lassen und

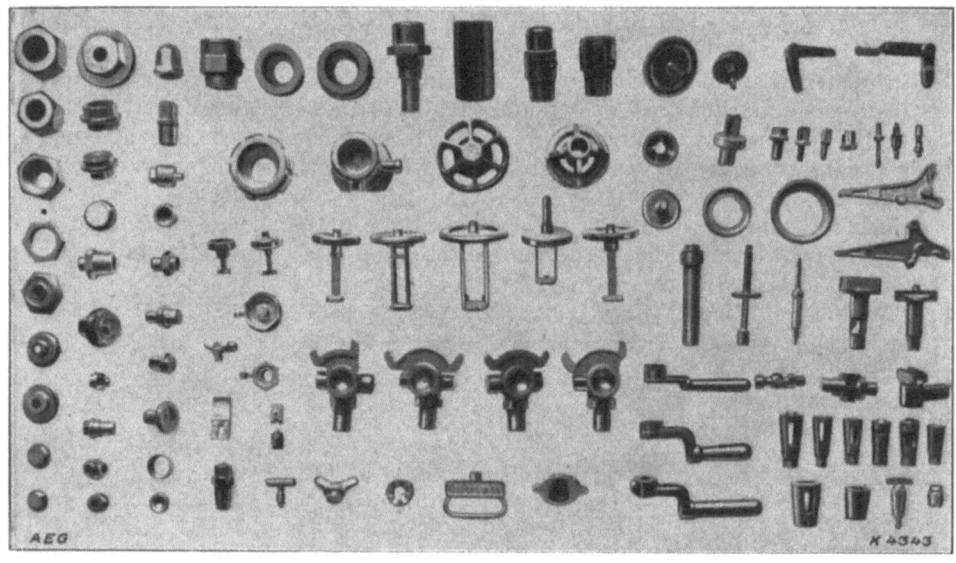

Abb. 4. Eisenbahnpreßteile.

die Formteile im Kokillen- und Spritzguß billiger herzustellen sind. Nur für Gleitschienen an elektrischen Straßenbahnwagen werden Profilstangen aus gepreßtem Bahnaluminium und Silumin noch heute verwendet.

Abb. 5. Schiffsbauteile.

Einen großen Aufschwung nahm das Pressen von Aluminiumlegierungen erst mit der Erfindung der vergütbaren Aluminiumlegierungen, da diese sich nur in gepreßtem Zustande vergüten lassen: Duralmin, Scleron, Lautal, Aludur, Aldrey usw. werden nicht nur in Stangen zu den verschiedenartigsten Profilen verpreßt, sondern es werden auch Preßteile in großem Umfange daraus hergestellt (Abb. 6 u. 6a).

Preßelektron. Elektron wird in Stangen mit den verschiedenartigsten Profilen hergestellt, und aus ihnen werden wegen der guten Bearbeitbarkeit des Stoffes Teile aller Art durch Zerspanen herausgearbeitet. Aber auch in Formen werden Stangenabschnitte zu Preßteilen umgeformt, die hauptsächlich für hochbeanspruchte Teile in Frage kommen. So haben die gepreßten Automobilkolben aus Elektron (Abb. 7) durch ihr leichtes Gewicht in großem Umfang Verwendung gefunden, und auch für andere Metallteile, bei denen es auf geringes Gewicht ankommt, wird Elektron vielfach gepreßt.

Auf die Herstellung von Preßteilen hat die Normung einen großen Einfluß gehabt, da sie die Möglichkeit, große Mengen gleicher Teile herzustellen, brachte. Das Preßverfahren bedarf gerade für seine Wirtschaftlichkeit dieser Massenfertigung, da die Preßteile unter Pressen

Abb. 6.

Abb. 7. Automobilkolben aus gepreßtem Elektron.

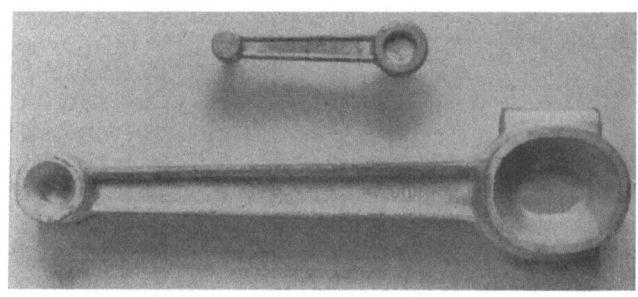

Abb. 6a.
Abb. 6 und 6a. Preßteile aus Duralumin.

in Stahlgesenken hergestellt werden, die ziemlich teuer sind, also nur bei der Herstellung großer Stückzahlen wirtschaftlich ausgenutzt werden können.

III. Preßmetall-Legierungen.

Preßmessing-Legierungen. Die Preßbarkeit von Preßmessing kann an Hand des Zustandsschaubildes (Abb. 8) der Zink-Kupfer-Legierungen verfolgt werden. In ihm sind die Strukturen der Legierungen in Abhängigkeit von der Zusammensetzung und der Temperatur niedergelegt, woraus zu ersehen ist, welche Kristallarten bei der Abkühlung aus der Schmelze entstehen. Wenn man diese auf ihre Warmbildsamkeit und Verwendung im abgekühlten Zustande untersucht, findet man, daß nur die Legierungen mit mehr als 50% Cu technisch wichtig sind. In dem Schaubild befinden sich die Legierungen oberhalb der oberen Begrenzungskurve in flüssigem Zustande, während auf der Kurve die Erstarrung beginnt. Bei den Legierungen mit 100÷61% Cu scheiden sich bei der Erstarrung zuerst α-Kristalle aus der Schmelze *(S)* aus, während bei den Legierungen von 61÷40% Cu sich ein β-Kristall aus der Schmelze bildet. Die Erstarrung ist in der unteren Kurve der schraffierten Fläche beendet. Die Legierungen mit mehr als 67,5% Cu bestehen auch nach der Erstarrung nur aus α-Kristallen, während bei den Legierungen bis 54% Cu auch im festen Zustande noch Umwandlungen eintreten.

Je nach der Temperatur und dem Cu-Gehalt sind die Kristallarten α und β, rein β oder β und γ vorhanden, die im warmen und kalten Zustande besondere Eigenschaften besitzen. Während die α-Mischkristalle nur schwer warmbildsam sind, lassen sich die β-Mischkristalle gut warm verpressen.

Nun spielt aber der Zustand der Legierungen bei abgekühlter Temperatur eine große Rolle. Die Legierungen über 63% Cu mit α-Mischkristallen lassen sich durch Ziehen als Stangen, Draht und Rohre und durch Walzen zu Blechen gut kalt verarbeiten, dagegen ist die Bearbeitung durch Spanabnahme infolge des langen lockigen Spanes ungünstig. Die Legierungen unter 63÷54% Cu bilden im abgekühlten Zustande ein ungleichartiges (heterogenes) Gemisch von α und β-Mischkristallen. Oberhalb der Sättigungslinie, also oberhalb 500 bis 800° befinden sich die Legierungen im β-Gebiet, wodurch eine gute Warmbildsamkeit gegeben ist. Von 54÷49% Cu haben die Legierungen nicht nur im warmen Zustande, sondern auch bei Normaltemperatur ein β-Gefüge, wodurch die Warmbildsamkeit wohl gegeben ist, aber die Legierung für Bearbeitung durch Zerspanen zu hart wird. Dies tritt mit auftretendem γ-Mischkristall bei den Legierungen unter 49% Cu in noch größerem Umfange ein. Aus obiger Betrachtung ist zu ersehen, weshalb Preßmessing-Legierungen im allgemeinen einen Kupfergehalt von 63÷54% Cu haben.

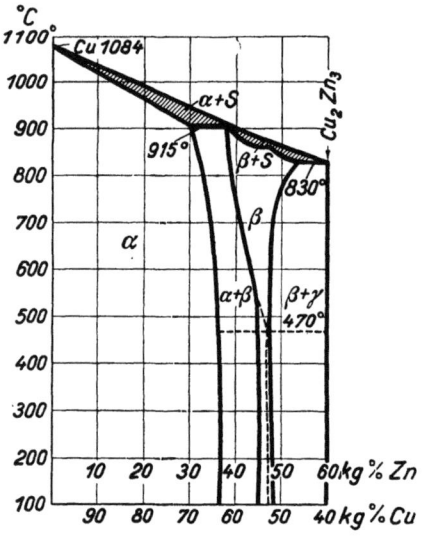

Abb. 8. Zustandsschaubild der Zink-Kupfer-Legierungen.

Nicht nur die Zweistoff-Legierungen Zink-Kupfer finden für Preßzwecke Verwendung, sondern hauptsächlich auch das sogenannte Schraubenmessing (Ms 58) mit 58% Cu, 2÷2,5% Pb, Rest Zn, das außer einer guten Warmbildsamkeit sich

Tabelle 1. Preßmessing-Legierungen.

Lfd. Nr.	Benennung	Chemische Zusammensetzung in %							
		Cu	Pb	Mn	Sn	Fe	Ni	Al	Zn
1	Schmiedemessing (Ms 60)	59,5	0,5	—	—	—	—	—	40
2	Schraubenmessing (Ms 58)	58	2,5	—	—	—	—	—	39,5
3	Armaturmessing	57,5	1,5	—	3	—	—	—	38
4	Segmentmessing	56	0,6	3	—	—	—	—	39,4
5	Spreemetall	55,5	0,6	1,4	—	—	—	—	42,5
6	Nickelmessing	50	0,06	—	—	—	0,4	10	39,54
7	Messing Al-Ni	59	0,5	—	—	—	3	4	33,5
8	Rübelbronze	65	—	—	—	—	—	4,5	Rest Zn
9	Deltametall	55,8	0,8	1,4	—	0,9	—	—	41,4
10	Duranametall.....	64,8	—	—	2,2	1,7	—	1,7	29,5

durch seinen spritzigen Span besonders gut für spanabnehmende Bearbeitung eignet. Wie die Benennung schon angibt, wird es in gepreßten Stangen auf Automaten zu Schrauben und Drehteilen verarbeitet, und als Preßteile wird es zu den meisten Metallteilen verwendet, an die keine besonderen Anforderungen gestellt werden.

Während Messingguß-Legierungen durch einen Zusatz von Zinn günstige gießtechnische und Festigkeits-Eigenschaften erhalten, ist Zinn bei Preßmessing nur im geringen Zusatz zu verwenden. Eine Legierung mit nur 4% Sn ist zwar noch gut preßbar, jedoch im Normalzustand so spröde, daß sie nur für besondere Zwecke (Hahnküken) verwendet wird.

Die Zusätze von Mangan, Eisen, Nickel und Aluminium, allein oder zu mehreren, bilden die Sondermessinge, die auch unter dem Namen ,,Messingbronzen" geführt werden, weil ihre Eigenschaften denen von Bronzen in bezug auf Farbe, Widerstand gegen Korrosion, Abnutzung, Temperatur-Beständigkeit und Festigkeit gleichkommen.

Der Zusatz von Mangan wirkt kornverfeinernd, Festigkeit und Härte werden erhöht. Die Legierungen sind gut preßbar und werden hauptsächlich für Lagerschalen verwendet.

Eisen bewirkt ebenfalls eine Verfeinerung des Gefüges, dazu eine Erhöhung der Streckgrenze. Man geht aber nicht über einen Zusatz von 3% hinaus, da es sich sonst als Sonderbestandteil ausscheidet. Eisenmessing mit einem Zusatz von Mangan unter dem Namen ,,Deltametall" wird für Stangen und Preßteile verwendet und gilt als besonders korrosionsbeständig.

Durch einen Nickelzusatz von 10% wird eine Messing-Legierung geliefert, die als besonders dampfbeständig für Turbinenschaufeln verwendet wird. Auch wegen der grünlichweißen Farbe findet dieses sogenannte Nickelmessing für Beschlagteile und Bestecke Verwendung. Die Warmpreßbarkeit ist gegenüber den obigen Legierungen geringer.

Aluminium wird Messing selten allein zugesetzt, sondern findet hauptsächlich in Verbindung mit Mangan, Nickel und Eisen, als sogenannte ,,Rübelbronze". Verwendung, die hohe Festigkeitseigenschaften und gute Korrosionsbeständigkeit besitzt; ihre Preßbarkeit ist gut.

Duranametall hat einen Zusatz von Aluminium, Eisen und Zinn, wodurch hohe Festigkeitseigenschaften erzielt werden. Aus der Legierung lassen sich Preßteile und Stangen herstellen, die für hochbeanspruchte Teile Verwendung finden. Die Preßbarkeit ist gut.

Reines Kupfer (Elektrolytkupfer) wird für elektrotechnische Zwecke (Kontaktstücke), wo es auf hohe elektrische Leitfähigkeit ankommt, viel benutzt. Für andere Preßteile findet es dagegen nur wenig Verwendung, weil es einmal zu teuer ist, ferner sich verhältnismäßig schwer warmbilden läßt und auch in bezug auf spanabnehmende Bearbeitung ungünstige Eigenschaften hat.

Reines Zink hat als Preßmetall nur während des Krieges Bedeutung gefunden als Ersatz für Kupfer und Messing. Gepreßt wurden in großem Umfange Zünder für Granaten und Profilstangen für Eisenbahn-Fensterrahmen. Die Preßbarkeit war bei Beachtung der richtigen Preßtemperatur gut.

Tabelle 1 gibt die chemische Zusammensetzung der Preßmessing-Legierungen an.

Tabelle 2. Preßaluminium-Legierungen.

Lfd. Nr.	Benennung	Fe	Cu	Mn	Si	Mg	Zn	Li	Al
1	Reinaluminium . .	0,5	—	—	0,5	—	—	—	99
2	Bahnaluminium .	0,5	6	—	0,5	—	—	—	93
3	Silumin	0,5	—	—	12	—	—	—	87,5
4	Skleron*	0,4	3	0,5	0,5	—	12	0,1	Rest Al
5	Duralumin* . . .	—	3,5—5,5	0,25—1	—	0,5	—	—	Rest Al
6	Aludur*	0,3—0,5	—	—	0,7—2,0	0,4—1	—	—	Rest Al
7	Lautal*	0,5	4	—	2	—	—	—	Rest Al
8	Aldrey*	0,2—0,3	—	—	0,4—0,7	0,3—0,5	—	—	Rest Al

Die mit * bezeichneten Legierungen sind vergütbar.

Preßaluminium-Legierungen. Rein-Aluminium läßt sich verhältnismäßig gut verpressen und wird für Freileitungs-Armaturen wegen seiner hohen elektrischen Leitfähigkeit und Korrosionsbeständigkeit verwendet.

Bei Aluminium-Legierungen gibt es keine kritischen Temperaturen und Kristallbildungen, die wie bei Messing auf die Warmbildsamkeit großen Einfluß haben.

Als Bahnaluminium wird eine Legierung von 5% Cu verpreßt, die sich für Stromabnehmer-Schienen gut bewährt hat. Mit steigendem Cu-Gehalt nimmt indessen die Preßbarkeit ab. Aluminium-Legierungen mit Cu- und Zn-Zusätzen, z. B. die „Deutsche Legierung", lassen sich sehr schwer verpressen. Aluminium mit 13% Si-Zusatz (Silumin) findet als Preßmetall vielfach Verwendung.

Die vergütbaren Aluminium-Legierungen mit Zusätzen von Mg, Cu, Mn, Zn und Li müssen als ausgesprochene Preßmetalle angesehen werden, weil sie sich alle nur im geschmiedeten und gepreßten (durchgekneteten) Zustande vergüten lassen.

Die älteste vergütbare Aluminium-Legierung ist Duralumin, das als Zusätze Cu, Mn und Mg hat. Der Zusatz von 0,5% Magnesium ist für die Vergütbarkeit von besonderer Bedeutung. Die Legierung wird nach Beendigung der Formgebung des Fertigerzeugnisses vergütet. Die Vergütung besteht aus zwei Abschnitten: zuerst eine Erwärmung auf rund 500° mit anschließendem Abschrecken in Wasser, sodann ein Lagernlassen von fünf Tagen bei Raumtemperatur.

Scleron ist eine vergütbare Aluminium-Legierung mit Zusätzen von Zn, Cu, Mn, Si und Li. Hierbei wird dem Zusatz von 0,1% Litium, in Verbindung mit den übrigen Zusätzen, die Eigenschaft der Vergütbarkeit zugesprochen. Die Legierung muß ebenfalls gut durchgeknetet sein, ehe sie vergütet werden kann. Vergütet wird durch ein Abschrecken von 475° und Lagernlassen bei gewöhnlicher Raumtemperatur.

Die vergütbare Aluminium-Legierung mit einem Zusatz von 0,5% Fe, 4% Cu, 2% Si, Rest handelsübliches Aluminium ist unter dem Namen „Lautal" auf den Markt gebracht. Vorbedingung für die volle Vergütung ist auch hier die gründliche Durchknetung des gegossenen Blockes durch Walzen oder Pressen. Die Vergütung besteht in einem Erhitzen auf rund 500° mit darauf folgendem Abschrecken in Wasser. Lautal gehört zu den künstlich alternden Legierungen, d. h. es muß nach dem Abschrecken bei 135÷145° während 16÷48 Stunden angelassen werden.

Aldrey und Aludur sind gleichfalls vergütbare Aluminium-Legierungen mit Zusätzen von Si und Mg, die nach dem Abschrecken künstlich gealtert werden müssen. Nach gründlicher Durchknetung geschieht bei Aludur die Vergütung bei 480÷420° mit nachfolgendem Abschrecken in Wasser und Anlassen bei 130÷160° während 10÷30 Stunden. Bei Aldrey wird nach guter Warmdurcharbeitung der Werkstoff auf etwa 350÷500° erhitzt und abgeschreckt. Künstlich gealtert wird bei 120÷200°, jedoch muß zur Erreichung der günstigsten Eigenschaften Aldrey nach dem Abschrecken und vor dem Anlassen weitgehend kalt gereckt werden.

Tabelle 2 gibt die chemische Zusammensetzung der Preßaluminium-Legierungen an.

Preßmagnesium-Legierungen. Magnesium wird in der Technik rein als Baustoff nicht verwendet, da es zu geringe Festigkeit und auch gegenüber Feuchtigkeit

Tabelle 3. Preßmagnesium-Legierungen.

Lfd. Nr.	Benennung	Fe	Si	Mn	Zn	Al	Mg
1	Magnesium rein	—	—	—	—	—	99,7 Spuren
2	Elektron, Leg. SZ . . .	—	1,4	—	1,7	—	96,9
3	Elektron, Leg. AZM . .	—	—	0,2—0,5	1	6—6,5	Rest Mg
4	Elektron, Leg. V. 1* . .	—	—	0,2—0,5	—	10	Rest Mg

Die mit * bezeichnete Legierung ist vergütbar.

keinen Widerstand hat. Es wird hauptsächlich in Legierungen mit Zusätzen von Al, Zn, Cu und Mn als „Elektronmetall" hergestellt und hat als leichtestes Nutzmetall mit einem spez. Gewicht von 1,8 vielseitige Verwendung gefunden. Als Preßteil gibt es hauptsächlich die Elektron-Legierungen mit den Bezeichnungen SZ, AZM und V 1 sowie die Sonder-Kolbenlegierung.

Die Legierung SZ hat als Zusatz Zn und Si. Sie ist gut preßbar, und da sie durch Beizen an der Oberfläche sich färben läßt, findet sie für Apparateteile vielfach Verwendung.

Die Legierungen AZM und V 1 erhalten durch ihre Zusätze von Al und Mn im gepreßten Zustande besondere hohe Festigkeitsgütewerte, die sie für starkbeanspruchte Konstruktionsteile geeignet machen. Besonders kommt dies bei der Legierung V 1 zur Geltung, die sich vergüten und härten läßt, wodurch eine Festigkeit von rund 40 kg/mm² erreicht wird.

Die Kolben-Legierung mit einem Zusatz von Si und Al hat besonders gute Eigenschaften in bezug auf Warmfestigkeit und Gleitfähigkeit. Sie läßt sich gut pressen.

Tabelle 3 gibt die chemische Zusammensetzung der Preßmagnesium-Legierungen an.

IV. Bildsamkeit der Preßmetalle.

Bei der Bildsamkeit der Metalle ist zwischen Warmverformung und Kaltverformung zu unterscheiden.

Die Metalle werden bei Warmverformung in dem Temperaturbereich verpreßt, bei dem sie die größte Bildsamkeit besitzen. Hierbei tritt folgende Veränderung des Gefüges ein:

Unter dem Preßdruck verschweißen die Kristalle miteinander, die nichtmetallischen Verunreinigungen zerreißen und die Hohlräume werden ausgefüllt. Durch diese inneren Vorgänge werden die Gefügeeigenschaften der gegossenen Metalle verändert, indem die Kristalle kleiner werden und der Einfluß der Hohlräume und der nichtmetallischen Verunreinigungen beseitigt wird. Wenn auch im warmen Zustande die Elastizitäts- und Streckgrenze nicht erhöht wird, so tritt doch eine Veredelung des Metales im abgekühlten Zustande ein, in dem die Zerreißfestigkeit und Dehnung eine bedeutende Steigerung erfahren.

Bei der Kaltverformung tritt ein Gleiten innerhalb der Kristalle ein, die dabei eine andere Form annehmen, ohne daß sie ihren Zusammenhang aufgeben. Diese sogenannte Verfestigung des Metalles führt zu einer erheblichen Erhöhung des Widerstandes gegen weitere Formveränderung. Die Elastizitäts- und Streckgrenze steigt, ebenso die Härte und Bruchgrenze, während die Dehnung schnell sinkt.

Bei der Kaltverformung treten infolge Verschiebung der Kristalle gegeneinander erhebliche Eigenspannungen im Werkstoff auf, die nur durch Ausglühen wieder beseitigt werden können. Warmgepreßte Metalle haben dagegen normalerweise keine Eigenspannungen.

Über die Bildsamkeit der Preßmetalle im warmen und kalten Zustande sind abschließende Untersuchungen bisher noch nicht gemacht worden. Die Stauchbarkeit von Messing verschiedener Zusammensetzung ist von Doerinkel und Trockels, Zeitschrift für Metallkunde, Jahrg. 1920 u. 1921, untersucht worden (Abb. 9), indem zylindrische Körper von 18 mm Durchmesser und 36 mm Höhe unter einer 40 t Stauchmaschine gepreßt wurden. Hierbei zeigte sich, daß die Höchststauchbarkeit, d. h. das Stauchen, ohne daß an der Oberfläche Risse entstehen, auch bei Messinglegierungen von 85÷63% Cu im warmen Zustande recht günstig ist.

Ein Vergleich der hierbei zu leistenden Staucharbeit zeigt (s. Abb. 10) jedoch den großen Unterschied zwischen den Legierungen mit mehr als 63% und denen mit weniger, d. h. mit 58% Cu. Während im kalten Zustande Messing mit 58% Cu sich nicht auf 50% der ursprünglichen Höhe stauchen läßt, ohne daß es aufreißt, und auch bei einer Temperatur von 200° noch eine Staucharbeit von 240 mkg zu leisten ist, fällt bei einer Temperatur von 500° die Stauchbarkeit von Messing 58 auf $1/3 \div 1/4$ der Legierungen über 63% Cu ab.

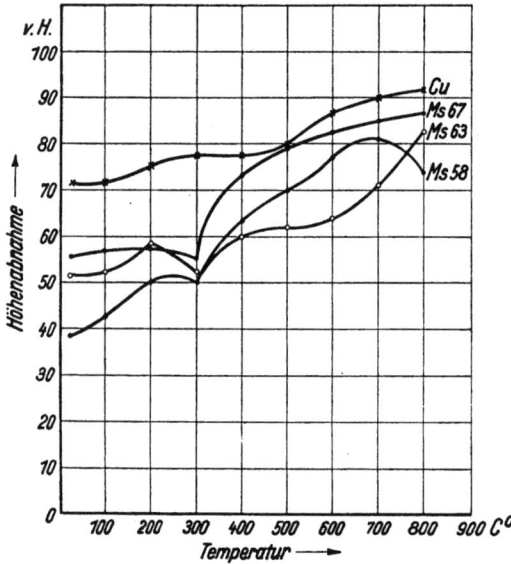

Abb. 9. Stauchbarkeit von Messing und Kupfer.

Die günstigsten Preßtemperaturen einiger Preßmetalle sind aus Vergleichsversuchen ermittelt worden, indem unter einem Fallwerk von 334 mkg Schlagstärke an Stauchzylindern von 40 mm Durchmesser und 40 mm Höhe der Stauchgrad von gleichem Werkstoff bei verschiedenen Temperaturen festgestellt wurde. Aus dem höchsten Stauchgrad ergibt sich die günstigste Preßtemperatur (Abb. 11).

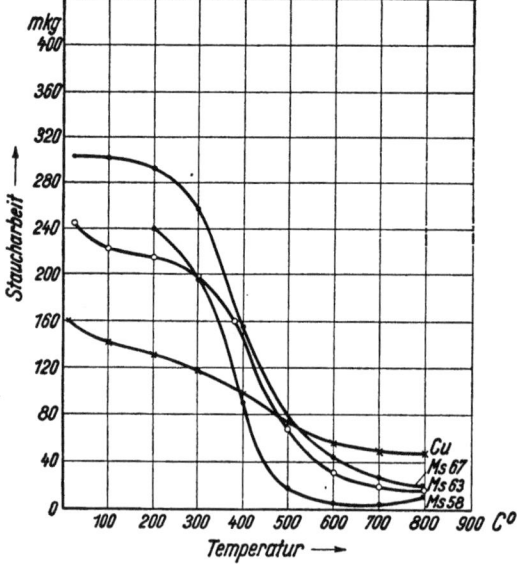

Abb. 10. Arbeit beim Stauchen von Messing und Kupfer.

Bei Preßmessing liegen die günstigsten Temperaturen um 800° herum, während Kupfer eine Temperatur von 900° benötigt und Zink sich bereits bei 225° am besten pressen läßt. Reinaluminium hat die günstigste Preßtemperatur bei 400° und die Aluminium-Legierung „Silumin" bei 250°.

Die für die Preßtechnik so wichtigen vergütbaren Aluminium-Legierungen sind bei der Warmbearbeitung zum Teil gegen Temperaturschwankungen wenig empfindlich. Die günstigsten Preßtemperaturen liegen für

Duralumin bei 470÷480°
Lautal   „   440÷480°
Aludur   „   440÷480°
Aldrey   „   400÷450°

Bei den Magnesium-Legierungen (Elektron) liegen die günstigsten Preßtemperaturen, entsprechend der Zusammensetzung der Legierung, zwischen 250 und 400°.

Um die Bildsamkeit der am meisten verwendeten Preßmetall-Legierungen untereinander zu vergleichen, sind unter dem Fallwerk von 334 mkg Schlagstärke an den Stauchzylindern von 40 mm Durchmesser und 400 mm Höhe Stauchversuche gemacht worden, die die Stauchbarkeit in % der ursprünglichen Höhe des Körpers bis zur Rißbildung im kalten (Temperatur von 20°) und im warmen Zustande (günstigste Preßtemperatur) ergeben haben.

Bei den Preßmessing-Legierungen ergibt sich eine Warmstauchbarkeit von durchschnittlich 50÷60%, während Kupfer nur 42% und Zink nur 18% erreichen (Abb. 12). Reinaluminium ist mit 59% gut preßbar, während bei Silumin nur 22% erreicht wird. Elektron hat in der versuchten Legierung nur eine Warmstauchbarkeit von 24%.

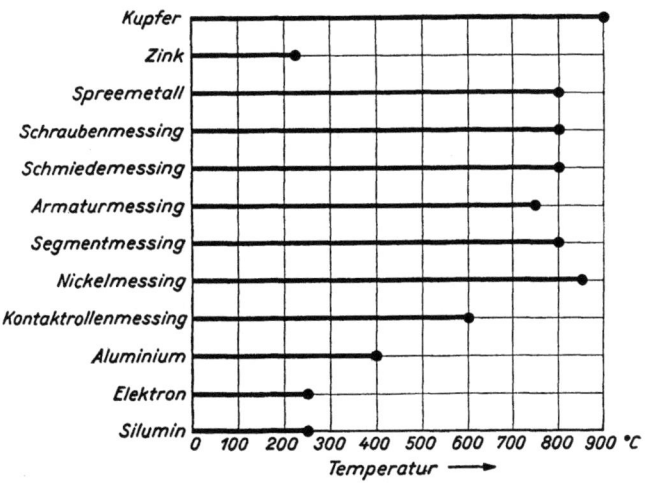

Abb. 11. Günstigste Preßtemperaturen von Preßmetallen.

Die Kaltstauchbarkeit bei derselben Schlagstärke von 334 mkg ist gegenüber der Warmstauchbarkeit sehr gering. Es werden nur 8÷12% erreicht. Auch Kupfer läßt sich mit 12% kalt schwer verformen. Günstig ist allein die Kaltstauchbarkeit bei Aluminium mit 25%, während Elektron mit 12% und Silumin mit 8% sich nur schwer kalt verpressen lassen.

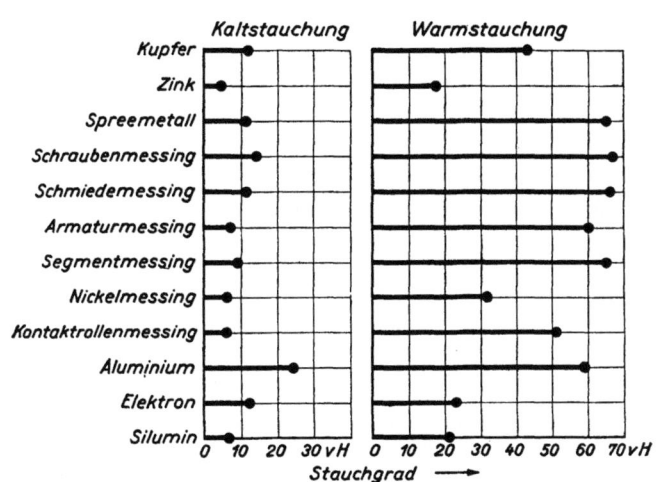

Abb. 12. Bildsamkeit von Preßmetallen.

Da bei der Kaltverformung von Metallteilen, die hauptsächlich beim Nachpressen warmgepreßter Teile angewandt wird, nur wenige Zehntel Millimeter ausgeglichen werden sollen, dürften die Stauchbarkeitswerte meistens dennoch genügen, um Teile hoher Genauigkeit auf diesem Wege herzustellen.

V. Schnittbearbeitbarkeit.

Preßmessing mit einem Kupfergehalt von über 63%, also mit α-Mischkristallen, ergibt, ähnlich wie Kupfer, einen langen und lockigen Span, wodurch es sich nicht für Bohr- und Dreharbeiten eignet

Schmiedemessing (Ms 60) hat mit seinem $\alpha + \beta$-Gefüge einen mehr kurzbrüchigen, lockeren Span und somit eine bessere Schnittbearbeitbarkeit. Gute Bohr- und Dreheigenschaft ergibt das Schraubenmessing (Ms 58) durch den Zusatz von 2% Blei, wodurch der Span kurzbrüchig und spritzig wird (Abb. 13[1]).

Richtwerte für die Schnittgeschwindigkeit und den Spanquerschnitt beim Drehen von Messingstangen und gepreßten Messingteilen aus Ms 58 ergeben die Untersuchungen des Ausschusses für Wirtschaftliche Fertigung (Abb. 14[2]). Die angegebenen Richtwerte für Spanquerschnitt und Schnittgeschwindigkeit sind aufgestellt, unter der Voraussetzung der Ausnutzung von Maschine und Werkzeug innerhalb der Grenzen, die durch die Bedingungen der Wirtschaftlichkeit gegeben sind. Bei der Benutzung der Zahlenwerte sind folgende Grundregeln zu beachten:

1. Sind an einem Werkstück große Spanmengen abzunehmen (wie z. B. beim Herausarbeiten aus einem vollen Stück), so kommt es darauf an, die an der Maschine verfügbare Leistung durch das Werkzeug möglichst vollkommen für die Bearbeitung auszunutzen (Arbeitsvorgang: Schruppen).

2. Verfolgt die Spanabnahme den Zweck, die bearbeitete Fläche auf einen bestimmten Gütegrad zu bringen, so wird die verfügbare Leistung der Maschine meist nicht voll ausgenutzt werden können (Arbeitsvorgang: Drehen zum Schleifen, Schlichten, Gewindeschneiden, Bohren auf der Drehbank).

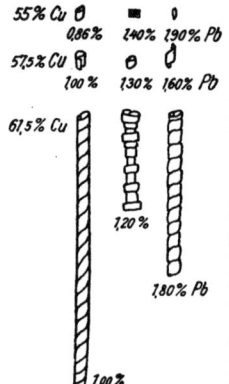

Abb. 13. Spanbildung von Preßmessing.

3. Bei sperrigen und unstarren Werkstücken muß man dann unter den Richtwerten bleiben, wenn es nicht durch geeignete feste Einspannung gelingt, die Voraussetzung für die Anwendung der Richtwerte zu schaffen.

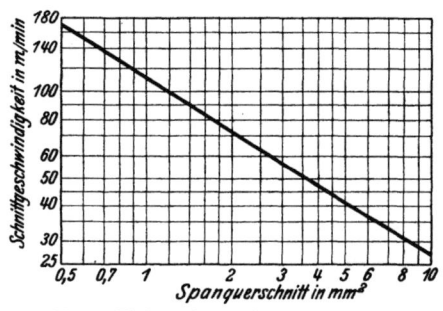

Abb. 14. Richtwerte für Schnittbearbeitung von Preßmessing Ms 58.

Reines Kupfer (Elektrolytkupfer) ist infolge seines langen und lockigen Spanes schwer zu bearbeiten. Dies zeigt sich besonders beim Bohren, Reiben und Gewindeschneiden, wobei der Werkstoff leicht schmiert.

Auch Reinaluminium hat bei der spanabnehmenden Bearbeitung ähnliche Eigenschaften wie Kupfer und α-Messing.

Günstiger liegen die Verhältnisse bei den Aluminium-Legierungen, besonders bei den vergütbaren Preßaluminium-Legierungen, die mit schneidenden Werkzeugen leicht bearbeitbar sind. Der Span ist locker, Flächen lassen sich sauber drehen und fräsen, Gewinde läßt sich glatt schneiden. Als Schmier- und Kühlmittel kann man bei hohen Schnittgeschwindigkeiten in Wasser lösliches Bohröl oder Rüböl verwenden.

Bei Elektron ist die Bearbeitbarkeit am günstigsten, da es sich fast wie Holz bearbeiten läßt und Schnittgeschwindigkeiten bis 250 m/min möglich sind, die allerdings auf den bisher zur Metallbearbeitung verwendeten Maschinen meistens nicht zu erreichen sind. Aus der guten Bearbeitbarkeit ergibt sich die Möglichkeit, bei Elektronteilen die Bearbeitungskosten auf ein Mindestmaß herabzudrücken.

---

[1] Betriebshütte, 3. Aufl. 1929 S. 759. Berlin: Wilhelm Ernst & Sohn.

[2] Entnommen aus der Sammlung von AWF-Richtwerten für Schnittgeschwindigkeit und Spanquerschnitt beim Drehen verschiedener Werkstoffe. Beuth-Verlag, Berlin S 14, Dresdenerstraße 97.

Elektron wird im allgemeinen trocken bearbeitet, bei Schlichtspänen wird auch dünnflüssiges Öl verwendet, weniger, um zu kühlen, als um das Umherfliegen der Späne zu verhüten. Geraten die Späne mal in Brand — was vorkommen kann —, muß mit trockenem Sand gelöscht werden.

VI. Eigenschaften der Preßteile.

Durch das Pressen des gegossenen Metallbarrens auf der Stangenpresse wird das schwammige, dendritische Gußgefüge mit seinen Schwindungshohlräumen in ein feinkörniges, dichtes Preßgefüge umgebildet. Abb. 15 zeigt links das Gußgefüge eines $\alpha + \beta$-Messings und rechts denselben Werkstoff gepreßt, woraus die Veränderung des Gefüges zu erkennen ist.

Beim Warmpressen der Stangenabschnitte im Gesenk tritt eine wesentliche Veränderung des Gefüges nicht mehr ein. Nur durch Kaltnachprägen wird das

×200　　　　　　　　　　　×200

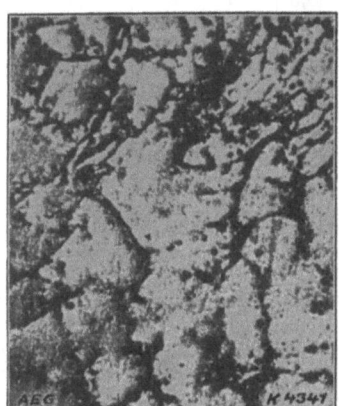 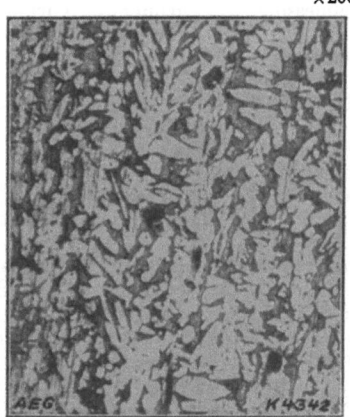

Abb. 15. Gefügebilder von Messing (Ms 58) gegossen und gepreßt.

Gefüge an der Oberfläche weiterhin verfestigt, wodurch höhere Festigkeit und Härte erzielt werden. Auch beim Kaltnachziehen von gepreßten Stangen können bis 50% höhere Festigkeitswerte erreicht werden. Hierbei fällt entsprechend der Steigerung der Festigkeit die Dehnung.

Mechanische Festigkeit bei Normaltemperatur. Die Festigkeitswerte warmgepreßter Metalle zeigt Tabelle 4. Bei den gewöhnlichen Preßmessing-Legierungen (Ms 60 und Ms 58) liegen die Werte für die Zerreißfestigkeit zwischen 40 und 45 kg/mm² bei einer Dehnung von 20÷25%. Die Brinellhärte beträgt bei einem Druck von 250 kg und 5 mm Kugeldurchmesser 80 und 90 kg/mm².

Die Sonder-Preßmessinge haben durch ihre zum Teil härtenden Zusätze höhere Festigkeitswerte und höhere Härte. Zum Beispiel wird bei Armaturmessing durch einen Zusatz von Zinn eine Brinellhärte von 135 kg/mm² erreicht, während die Dehnung auf 2,3% herabfällt. Nickelmessing zeichnet sich besonders durch eine hohe Kerbzähigkeit von 9,4 cmkg/mm² aus. Das Sondermessing Al-Ni mit 70 kg/mm² Festigkeit und 12% Dehnung bei einer Brinellhärte von 150 kg/mm² besitzt Stahleigenschaften.

Reinaluminium hat auch im gepreßten Zustande nur eine Festigkeit von 10 kg/mm². Die vergütbaren Aluminium-Legierungen zeigen dagegen im gepreßten und vergüteten Zustande Festigkeitswerte, die denen von Baustahl gleichkommen.

Eigenschaften der Preßteile.

Tabelle 4. Festigkeitswerte warmgepreßter Metalle.

Lfd. Nr.	Benennung	Politurfarbe	Verwendungszweck	Spez. Gew.	Festigkeit kg/mm²	Dehnung %	Kerbzähigkeit cmkg/mm²	Brinell-Härte Druck 250, Kugel 5 Durchm. kg/mm²
1	Kupfer (Elektrolyt)	rot	Kontaktteile	8,9	20	30	3,9	69
2	Zink	weiß	Apparateteile	7,1	10	5	0,4	37
3	Schmiedemessing (Ms 60)	ockergelb	Freileitungsklemmen	8,5	40	25	4,8	80
4	Schraubenmessing (Ms 58)	dsgl.	Armaturen und Kontaktteile	8,5	45	20	2,3	90
5	Armaturmessing	weißlichgelb	Teile hoher Härte	8,5	42	2	0,6	135
6	Segmentmessing	goldgelb	Magnetverteilerplatten	8,5	50	18	3,7	100
7	Nickelmessing	grünlichweiß	Turbinenschaufeln und Beschlagteile	8,5	50	20	9,4	74
8	Spreemetall	goldgelb	Buchsen und Armaturen	8,5	45	20	3,6	90
9	Sondermessing Al-Ni	„	Teile hoher Festigkeit	8,4	70	12	2,34	150
10	Rübelbronze	„	dsgl.	8,4	60—65	12—18	—	—
11	Deltametall	„	„	8,5	45—60	12—19	—	—
12	Duranametall	ockergelb	„	8,5	50—60	14—19	—	—
13	Aluminium, rein	silbergrau	Freileitungsarmaturen	2,7	10	25	—	30
14	Bahnaluminium	dsgl.	Apparateteile und Schleifbügel	2,8	20	25	—	50
15	Silumin	hellgrau	Apparateteile	2,6	20	15—20	—	55
16	Duralumin	dsgl.	Fahrzeugteile	2,8	40—44	14—16	—	122
17	Skleron	„	„	2,95	40—50	10—20	—	100—200
18	Lautal	„	„	2,74	40	20	—	90—95
19	Aldrey	„	„	2,7	35	7,5	—	—
20	Magnesium	mattweiß	—	1,74	12,4	4	—	—
21	Elektron SZ	grau	Fahrzeugteile	1,8	23—24	10—15	—	44
22	Elektron AZM	„	„	1,8	28—32	12—16	—	55
23	Elektron V. 1 w	„	„	1,3	34—37	10—12	—	60

Duralumin hat durchschnittlich 40÷44 kg/mm² Festigkeit bei einer Dehnung von 14÷16%. Bei den Legierungen mit höherer Streck- und Bruchgrenze, wie sie für den Luftschiff- und Flugzeugbau Verwendung finden, steigen die Festigkeitswerte bei gepreßten Profilen auf 44÷47 kg/mm², bei einer Streckgrenze von 32÷34 kg/mm², einer Dehnung von 14÷16%, bei einer Brinellhärte von 120 bis zu 125 kg/mm² und bei gewalzten Profilen erhöht sich die Festigkeit auf 48÷50 kg/mm² bei einer Streckgrenze von 38÷40 kg/mm²; die Dehnung beträgt 12÷14% und die Brinellhärte 130÷132 kg/mm².

Ähnlich wie bei Duralumin liegen auch die Festigkeitswerte der übrigen vergütbaren Aluminium-Legierungen.

Die Preßelektron-Legierungen haben in der Zusammensetzung für normalen Baustoff eine Festigkeit von 23÷32 kg/mm² bei einer Dehnung von 10÷16%. Für hochbeanspruchte Teile, besonders für den Fahrzeugbau (Automobile und Flugzeuge) ist die Legierung Vl entwickelt worden, die in vergütetem und gehärtetem Zustand mit 34÷37 kg/mm² annähernd die Festigkeitswerte der vergütbaren Aluminium-Legierungen erreicht.

Durch Kaltreckung können bei den vergütbaren Aluminium-Legierungen die Festigkeitswerte noch erhöht werden, wobei jedoch die Dehnung merklich abfällt.

Die Legierungen Duralumin und Lautal erreichen in kaltgerecktem Zustande eine Zerreißfestigkeit von 60 kg/mm² bei einer Dehnung von 3÷4%.
Mechanische Warmfestigkeit. Für die Verwendung von Preßteilen in Dampfarmaturen und als Kolben beim Verbrennungsmotor spielt die Warmfestigkeit der Legierungen eine große Rolle.
Versuche mit Preßmessing Ms 60 und Ms 58 sowie Rotguß RG 9 (85 Cu, 9 Sn, 6 Zn) haben Warmfestigkeiten nach Tab. 5 ergeben:

Tabelle 5. Warmfestigkeit von Rotguß und Preßmessing.

	Temperatur	Zereißfestigkeit kg/mm²	Streckgrenze kg/mm²	Dehnung %	Einschwung %
Rotguß RG 9	20⁰	20	—	5	—
	200⁰	14	8,2	4,4	7
	300⁰	18,7	13,2	8,8	13
	400⁰	12,2	11,0	3,5	6
Preßmessing Ms 60	20⁰	36	—	30	—
	200⁰	35,7	17,6	53	62
	300⁰	25,7	18,5	30	28
	400⁰	12,2	12,0	60	51
Ms 58	20⁰	40	—	20—30	—
	200⁰	38	19,5	39	56
	300⁰	31	20,3	40	59
	400⁰	16	15,9	79	71

Aus der Tabelle 5 ist der Verlauf der Zerreißfestigkeit und der Dehnung in Abb. 16 und 17 (s. nächste Seite) gezeichnet. Die Warmfestigkeitswerte der Preßmessing-Legierungen sind günstiger als beim Rotguß Rg 9. Ebenfalls zeigen die Dehnungswerte beim Preßmessing wesentlich höhere Zahlen als beim Rotguß, dessen Dehnungswerte ziemlich gleichmäßig verlaufen.

Die Warmfestigkeitswerte der vergütbaren Aluminium-Legierungen sind für Duralumin[1]:

Tabelle 6.

Temperatur	100⁰	150⁰	200⁰	250⁰	300⁰	Belastungsdauer
Streckgrenze kg/mm²	38	35	28	18	8	normale Zerreißdauer
Zugfestigkeit kg/mm²	42	38	31	20	9	
Dehnung %	12	14	8	15	31	

Die Tabellen ergeben für Duralumin eine beachtenswerte Warmfestigkeit, wodurch sich Duraluminkolben für Verbrennungsmotore gut bewährt haben.
Für Lautal[2] sind die Warmfestigkeitswerte:

Tabelle 7.

Temperatur	100⁰	150⁰	200⁰	250⁰	300⁰
Zugfestigkeit kg/mm²	38	31	22	16	9

was seine Brauchbarkeit für Kolben erweist.
Gleitfähigkeit. Um die Gleitfähigkeit von Preßmessing Ms 60 gegenüber Rotguß Rg 9 festzustellen, wurden Versuche mit Lagerschalen von 70 mm Bohrung bei einer Belastung von 6 und 10 kg/mm² durchgeführt. Die Versuche ergaben (Abb. 18[3]), daß die Preßmessinglager bei einer bestimmten Ölmenge und vierstündiger Betriebsdauer eine Temperatur von nur 58° erreichten, während bei

---
[1] Werkstoffhandbuch H. 4.   [2] Werkstoffhandbuch H. 7.
[3] Betriebshütte, 3. Aufl. 1929. S. 756. Berlin: Wilhelm Ernst & Sohn.

Eigenschaften der Preßteile.

den Rotgußschalen, trotz doppelter Ölmenge, bereits nach drei Stunden 90° erreicht wurde. Die Ursache der günstigen Wirkung ist, neben einer guten Wärmeleitfähigkeit der Schalen, hauptsächlich darauf zurückzuführen, daß bei Preßmessing infolge des gleichmäßigen, feinkörnigen Gefüges eine glatte Oberfläche erzielt wird. Dadurch wird die Ölschicht im Lager nicht so leicht unterbrochen, so daß sie nicht abreißen kann.

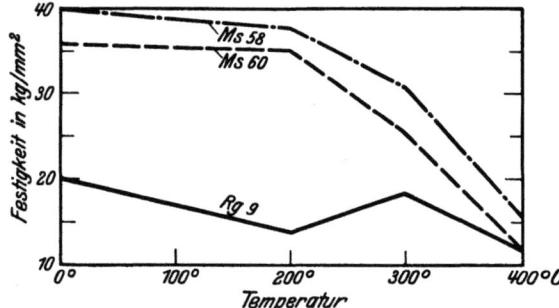

Abb. 16. Warmfestigkeit von Preßmessing und Rotguß.

Durch praktische Erprobung hat sich ergeben, daß die Gleitfähigkeit für Duralumin nicht günstig ist, dagegen läuft gehärteter Stahl in Duralumin bei genügender Schmierung recht gut.

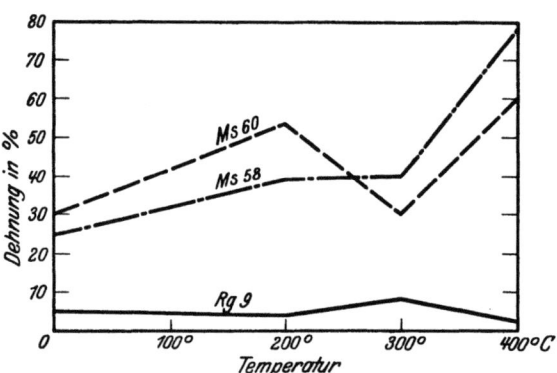

Abb. 17. Warmdehnung von Preßmessing und Rotguß.

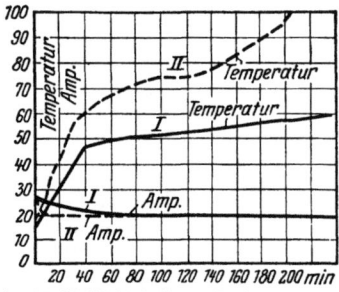

Abb. 18[1]. Gleitfähigkeit von Preßmessing (I) und Rotguß (II).

Elektron zeigt ebenfalls gute Gleiteigenschaften beim Zusammenarbeiten mit Eisen und Stahl, was sich besonders bei den gepreßten Kolben für Verbrennungsmotore zeigt. Auch wird die Elektron-Legierung V 1 als Lagermetall für Wellen verwendet, wo es gute Eigenschaften gezeigt hat.

Leitfähigkeit. Elektrische Leitfähigkeit. Die elektrische Leitfähigkeit hat für Kontakte und Leitungsarmaturen, die wegen der hohen Festigkeitswerte aus Preßmessing hergestellt werden, eine große Bedeutung. Aus der Tabelle 8 ist

Tabelle 8. Elektrische Leitfähigkeit in $\frac{m}{Ohm \cdot mm^2}$.

Benennung	bei 20°	bei 50°	Benennung	bei 20°	bei 50°
Kupfer	55,8	48,9	Aluminium	33,0	29,5
Spreemetall	12,8	12,4	Elektron	21,5	19,2
Schraubenmessing	15,8	15,0	Silumin	26,5	23,6
Schmiedemessing	15,9	15,1	Armaturrotguß	11,8	11,4
Armaturmessing	13,8	13,4	Messingguß	5,9	5,8

ersichtlich, daß Preßmessing-Legierung Ms 60 mit 15,9 eine fast dreifach so hohe Leitfähigkeit besitzt, wie Messingguß mit 5,8. Auch der Rotguß mit nur 11,8 hat eine um 50% geringere Leitfähigkeit als Ms 60, das besonders für Leitungsarmaturen verwandt wird.

---

[1] Betriebshütte, 3. Aufl. 1929, S. 756. Berlin: Wilhelm Ernst & Sohn.

Wärmeleitfähigkeit. Die Wärmeleitfähigkeit zeigt ein ähnliches Bild wie die elektrische Leitfähigkeit. Nach Landolt-Börnstein 1922 ergibt sich die Wärmeleitfähigkeit nach Tabelle 9.

Tabelle 9. Wärmeleitfähigkeit in cal/° · cm · s.

Preßmessing
$$< 63\% \text{ Cu bei } \begin{Bmatrix} 0^0 \\ 100^0 \end{Bmatrix} \text{Wärmeleitfähigkeit } \begin{Bmatrix} 0{,}2041 \\ 0{,}2540 \end{Bmatrix}$$
$$> 63\% \text{ Cu bei } \begin{Bmatrix} 0^0 \\ 100^0 \end{Bmatrix} \text{Wärmeleitfähigkeit } \begin{Bmatrix} 0{,}2460 \\ 0{,}2827 \end{Bmatrix}$$

Rotguß (85,7 Cu, 7,15 Zn, 6,39 Sn)
$$\text{bei } \begin{Bmatrix} 18^0 \\ 100^0 \end{Bmatrix} \text{Wärmeleitfähigkeit } \begin{Bmatrix} 0{,}1427 \\ 0{,}1697 \end{Bmatrix}$$

Hieraus ist zu ersehen, daß die Wärmeleitfähigkeit von Preßmessing um die Hälfte höher ist als bei Rotguß.

Korrosion. Von besonderer Bedeutung ist das Verhalten der Preßmetalle gegen Korrosion, da die Metallteile aus Nichteisenmetall meistens ungeschützt verwendet werden.

Man muß zwischen einem elektrochemischen und rein chemischen Angriff auf die Metalle unterscheiden.

Ein elektrochemischer Angriff besteht dann, wenn an einem Metall oder an Teilen von ihm Elektrolyse auftritt, so daß das Metall Anode wird und sich dabei auflöst. Die Ursache hierfür können nun Fremdströme (vagabundierende Ströme) sein, oder die leitende Berührung zweier aus verschiedenen Metallen bestehender Stücke, die ein verschiedenes elektrochemisches Potential haben, gibt die Veranlassung zum Entstehen der elektrischen Ströme. Das unedlere Metall wird hierbei die Lösungs-Elektrode.

Im Gegensatz zu dem elektrochemischen Angriff wird als chemischer Angriff ein solcher bezeichnet, bei dem das Metall durch bloße Berührung mit gewissen anderen Stoffen (Chemikalien, Säuren, Laugen, Chlor u. dgl.) angegriffen wird. Ein solcher Vorgang ist allerdings sofort mit elektrochemischen Erscheinungen verbunden, wenn das betr. Metall (z. B. Messing) eine Legierung ist. Dann kommen die verschiedenen Legierungsbestandteile (z. B. Kupfer und Zink) mit den betr. Chemikalien bzw. ihren Lösungen in Berührung und veranlassen durch ihre verschiedene Löslichkeit eine Potentialdifferenz. Deren Größe richtet sich nach der Stellung, die die Metalle in der elektrochemischen Spannungsreihe einnehmen, wobei man elektronegative (unedle) und elektropositive (edle) Metalle, bezogen auf Wasserstoff oder gegen Kalomelelektrode unterscheidet.

Taucht man z. B. chemisch reines Kupfer in eine Lösung von Kupfersulfat ($CuSO_4$), so zeigt sich zwischen beiden eine Potentialdifferenz, die nach der Nernstschen Formel errechnet wird zu $e = \dfrac{0{,}058}{n} \log \dfrac{e}{c}$ Volt

wobei n = Wertigkeit des Metallions
e = ein dem Lösungsdruck entsprechende Konstante
c = Konzentration der Metallionen ist.

Die Potentialdifferenz ergibt sich nach Tabelle 10.

Tabelle 10. Potentialdifferenz.

	Unter Beziehung auf „einfache normale" Ionenkonzentration	Gegen Normal-Kalomelelektrode
Kupfer in $CuSO_4$	+ 0,34 Volt	— 0,22 Volt
Zink in $ZnSO_4$	— 0,77 Volt	— 1,037 Volt

Die elektrolytischen Lösungspotentiale (nach Bauer und Vogel 1918) sind in Tabelle 11 angegeben.

Eigenschaften der Preßteile.

Tabelle 11. Elektrolytische Lösungspotentiale.

Kupferlegierungen	Cu	Zn	Pb	Spannungen gegen Normal-Kalomelelektrode bei 18°	
				ungerührt	gerührt
Preßmessing Ms 58 ..	58,35	39,61	2,12	— 0,335	— 0,318
„ Ms 63 ..	62,77	36.76	0,47	— 0,272	— 0,272
„ Ms 72 ..	72,83	27,38	—	— 0,243	— 0,257

Aluminiumlegierungen	Al	Mg	Mn	Cu	Zn	Si		
Bahnaluminium....	96			4			— 0,744	— 0,633
Duralumin.......	93,59	0,74	0,66	4,18	0,06	0,51	— 0,577	— 0,543

Magnesiumlegierungen	Mg	Al	Fe	Gu	Zn	Si		
Elektron.......	96	0,11	0,04	0,11	3,8	0,05	— 1,528	— 1,536

Nicht nur äußere Ströme, die durch Berührung von Metallen auftreten, bedingen die Korrosion, sondern es können auch durch Verunreinigungen oder verschiedenartige Gefügebestandteile (z. B. α- und β-Mischkristalle bei Messing) Elementbildungen entstehen. Ferner spielen sogar Spannungen innerhalb des Stoffes, die bei der Bearbeitung entstanden sind, bei der Korrosion eine Rolle.

Der Angriff durch Korrosion tritt selten so auf, daß die ganze Fläche gleichzeitig sich auflöst, sondern alle Metalle zeigen bevorzugt angreifbare Stellen (Oberflächenfehler, Ziehriefen). Hier ist die saubere Oberfläche der Preßteile und das gleichmäßige Gefüge von schützendem Einfluß.

Von besonderer Bedeutung ist der Lochfraß, der sich bei Kondensatorrohren häufig zeigt. Auch hier sind Ziehriefen, Verunreinigungen im Werkstoff häufig die Ursache der Korrosion.

Praktische Korrosionsversuche[1] an Metallteilen in Seewasser zeigen die Widerstandsfähigkeit von Preßmetall. Zu diesen Versuchen wurde die Einwirkung von reinem, sauerstoffgesättigtem, stark bewegtem Seewasser auf Metallteile festgestellt.

Es wurden folgende Preßmetalle untersucht:

Tabelle 12. Proben für die Korrosionsversuche.

Proben	Cu	Zn	Pb	Sn	Al	Fe
Rein Kupfer......	98,80	—	—	—	—	—
Rein Zink.......	—	98,82	1,12	—	—	—
Messing........	70,05	27,93	2,02	—	—	—
Marinemessing.....	62,03	36,73	0,23	1,01	—	—
Muntz-Metall (Ms 60) ..	60,80	39,75	0,35	—	—	—
Schraubenmessing (Ms 58)	60,62	38,61	1,37	—	—	—
Rein Aluminium.....	—	—	—	—	99,43	0,32

Die Versuchsproben waren Rundstäbe, 600 mm lang, 28,7 mm Durchmesser. Sie wurden in einen Rahmen eingespannt, der in dem felsigen Grund des Bristolkanals verankert war. Das Ergebnis ist in der Tab. 13 enthalten.

Bei dem Versuch und seinen Ergebnissen sind folgende Punkte zu beachten:
1. Die Zeitdauer von vier Jahren.
2. Der unmittelbare Vergleich der relativen Korrosionsbeständigkeit der verschiedenen Proben.

---

[1] Zeitschrift Korrosion und Metallschutz Mai 1928 „Korrosionsforschung von Newton Friend".

3. Es wurde verglichen: Gewichtsverlust, Korrosionsangriff (Tiefe durch Lochfraß), Beeinflussung der Zerreißfestigkeit durch die Korrosion.

Tabelle 13. Ergebnisse der Korrosionsversuche.

Werkstoff	Oberflächenbeschaffenheit vor d Versuch	Aussehen vor Entnahme	Ursprüngliches Gewicht g	Gewichtsverlust scheinbar g	Gewicht der Korrosionsprodukte g	Totaler Gewichtsverlust g	Totaler Gewichtsverlust %	Lochtiefe cm	Größte Auswuchshöhe %	Durchmesserreduktion %	Abnahme der Zerreißfestigkeit %	Scheinbare Wertordnung
Kupfer....	poliert	Kupferfarben	3509,3	125,4	2,7	128,1	3,65	—	0,35	2,4	4,32	9
Zink......	„	blasig	2828,5	118,4	14,6	133,0	4,7	0,89	—	—	10,31	13
N. Messing...	„	gelb	3378,6	166,6	2,4	169	5	—	0,32	2,9	6,14	10
Marine-Messing.	„	gelb	3303,4	181,9	2,5	284,4	5,85	—	0,34	2,1	4,83	11
Muntzmetall..	„	grüneAuswüchse	3311,7	92,6	2,4	95	2,87	—	0,22	1,4	9,82	12
Schraubenmess..	„	grün	3308,1	43,1	4,5	47,6	1,44	—	—	—	3,78	6
Aluminium...	„	tiefe Löcher	1061,3	40,7	6,6	47,3	4,46	5,81	—	—	15,89	14

Aus der Tab. 13 geht hervor, daß von den Preßmessing-Legierungen das Schraubenmessing Ms 58 in bezug auf Korrosion und Abnutzung (s. Wertordnung 6) im Seewasser sich am günstigsten verhält. Die Ursache hierfür liegt wohl darin begründet, daß neben dem guten Korrosionswiderstand dieser Legierung hauptsächlich auch die hohen Festigkeitswerte einen starken Widerstand gegen die mechanische Abnutzung durch den Sand bieten.

Herstellungsgenauigkeit. Bei einem warmgepreßten Metallteile muß bei der Herstellung mit einem Schwindmaß gerechnet werden, und dementsprechend sind die Formen in den Werkzeugen größer auszuarbeiten.

Bei den Preßmessing-Legierungen rechnet man durchschnittlich mit einem Schwindmaß von 1,5% auf alle Maße.

Aluminium und seine Legierungen haben durch ihre größere Wärmeausdehnungen ein Schwindmaß von 1,5÷1,7% und bei Elektron muß mit einem Schwindmaß von 1,2÷1,6% gerechnet werden.

Infolge der Abnutzung der Preßmatrizen bei der Strangpresse und durch das Ausschlagen der Gesenke beim Formpressen können die Abmessungen der hergestellten Teile nicht dauernd genau eingehalten werden.

Je nach der Beanspruchung der Flächen und Beschaffenheit des Werkzeuges sowie der Preßbarkeit der zu verarbeitenden Legierung ist die Abnutzung der Werkzeuge verschieden. Um zu ermöglichen, daß die teueren Werkzeuge wirtschaftlich ausgenutzt werden können, muß man sie häufiger nacharbeiten. Durch die Abnutzung und das Nacharbeiten vergrößern sich die Abmessungen der Formen, so daß man bei den hierin hergestellten Preßteilen mit einer Plustoleranz von 0,3 mm für die Masse rechnen muß.

Will man höhere Genauigkeiten an einzelnen Flächen erreichen, so muß man die Teile kalt nachpressen. Hierbei ist die Abnutzung der Gesenke wesentlich geringer und auch das Nacharbeiten erübrigt sich, so daß man eine Genauigkeit von ± 0,05 mm erreichen kann.

Bei der Herstellung von Stangen auf der Strangpresse ist die Toleranz infolge des schnellen Ausarbeitens der Matrize wesentlich höher. Gepreßte Stangen haben häufig ein Übermaß bis 1 mm.

Für das mehr oder weniger vollständige Auspressen der Flächen im Gesenk wird für Preßteile auch eine Minustoleranz verlangt. Hierbei kann auch die Preßtemperatur beim Schrumpfen des Metalles eine Rolle spielen, obgleich durch die Einrechnung des Schwindmaßes das Schrumpfen schon berücksichtigt wurde.

Ferner können sich auch Flächen im Werkzeug bei der hohen Beanspruchung stauchen, wodurch die Masse an den hergestellten Teilen unterschritten werden.

Bei der Herstellung von Preßstangen wird mit einer Minustoleranz von 1 mm gerechnet, während für Warmpreßteile — 0,3 mm ausreichend ist.

Beim Kaltpressen von Preßteilen wird eine Genauigkeit von — 0,05 mm erreicht.

VII. Herstellung von Preßstangen und Preßteilen.

Der Verlauf des Herstellungsganges von Preßteilen in einem neuzeitlichen Betrieb ist etwa folgender:

In der Gießerei wird das Metall in der beabsichtigten Zusammensetzung in Schmelzöfen niedergeschmolzen. Verwendet werden ölgefeuerte Tiegelöfen oder

Abb. 19. Presserei der AEG (Kabelwerk Oberspree).

neuerdings für das Schmelzen in Dauerbetrieben auch elektrisch beheizte Schmelzöfen, so z. B. der Induktionsofen „System Ajax-Wyatt".

Ist der Einsatz niedergeschmolzen, wird der Ofen durch ein Schaltwerk gekippt und der Inhalt in eiserne Kokillen von 120÷180 mm Durchmesser und 500 bis 800 mm Länge entleert. Die beim Gießen und Schmelzen entstehenden Dämpfe werden durch Hauben abgesaugt und in einen Schornstein geführt.

Die beim Schmelzen entstehende Schlacke wird zwar schon beim Gießen abgeschöpft; dennoch sammeln sich an dem Kopf des gegossenen Barrens noch viel Verunreinigungen, die nach seinem Erkalten abgeschnitten werden, damit für die weitere Verarbeitung nur wirklich einwandfreier Werkstoff vorhanden ist.

Nun werden die Barren in einem besonders hierfür gebauten Rollofen, bei dem sie langsam durch die Feuerung hindurchrollen und sich gleichmäßig erwärmen, auf Preßtemperatur gebracht.

Der erwärmte Barren wird zu einer Druckwasserpresse geführt und in die Preßkammer eingeschoben. Die Kammer ist auf der einen Seite durch eine Preßmatrize abgeschlossen, in der der Querschnitt der zu pressenden Stange eingearbeitet ist. Auf der anderen Seite befindet sich der Druckstempel, durch den das Material durch die Matrizenöffnung hindurchgepreßt wird.

Die hierdurch entstehenden Stangen werden als rohe Preßstangen zur Weiterverarbeitung auf Drehbänken usw. verkauft oder auf Ziehbänken auf genaues Maß nachgezogen, um alsdann als Halbzeug Verwendung zu finden.

Bei der Verwendung zu Preßteilen werden die rohen Preßstangen auf Sägen in Stücke zerschnitten, die für die Formverpressung als Rohlinge gelten. Die Abmessungen der Preßrohlinge richten sich nach der Größe der hieraus herzustellenden Preßteile.

Nun werden die Preßrohlinge in Öfen, die neben den Pressen aufgestellt sind (Abb. 19), auf die erforderliche Preßtemperatur erwärmt und mit der Zange einzeln in das Gesenk eingelegt. Der niedergehende Bär mit dem Obergesenk preßt den Preßrohling in die Form, der überschüssige Werkstoff geht in den Preßgrat.

Nach der Abkühlung des Preßteiles wird der Grat unter Exzenterstanzen entfernt, indem das Preßteil in eine Schnittplatte eingelegt und von einem Stempel durch die Schnittöffnung hindurchgedrückt wird, wobei der Grat zurückbleibt. Vielfach wird auch der Grat durch Abstechen auf der Drehbank entfernt, wenn gleichzeitig Dreh- oder Bohrarbeiten vorzunehmen sind.

Vom Erwärmen im Glühofen her hat sich die Oberfläche der Preßteile mit einer Oxydschicht überzogen, die durch Beizen mit einer Säure, z. B. für Messingteile Salpetersäure, entfernt wird.

Bevor die Teile zum Lager abgeliefert werden, durchlaufen sie noch eine Fertigkontrolle, bei der alle fehlerhaften Teile, die z. B. nicht ausgepreßt oder gerissen sind, ausgeschieden werden.

VIII. Maschinen für die Metallpresserei.

Strangpresse. 1. Strangpresse nach Alexander Dick (Abb. 20[1]). Die Strangpresse besteht aus einer Preßkammer, die durch eine Matrize, in die der Querschnitt des Preßprofils eingearbeitet ist, verriegelt wird. Der erwärmte Barren wird in die Kammer geschoben und das Metall durch den mit Druckwasser betriebenen Preßkolben durch die Matrize als Stangen herausgepreßt. Das Druckwasser mit einem Druck von 375 at wird in einer besonderen Pumpenanlage erzeugt und, um stets einen gleichmäßigen Druck zu haben und um die Pumpe nach dem mittleren Verbrauch bemessen zu können, in einen Vorratsbehälter (Akkumulator) gepumpt, aus dem es die Presse entnimmt.

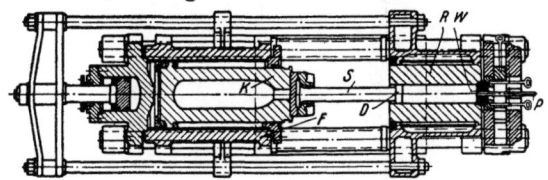

Abb. 20. Strangpresse nach Dick.
D: Preßscheibe F: Druckwasserzylinder K: Druckwasserkolben
R: Preßzylinder S: Preßkolben W: Matrize
P: Matrizenhalter.

Die Druckleistungen des Preßkolbens betragen 1000÷1500 t, wobei die erwärmten Barren mit 9000 kg/cm² durch die Matrize gedrückt werden.

Beim Preßvorgang fließt der Stoff fast ausschließlich aus dem Inneren des Barrens heraus durch die Matrize. Zurück bleibt die Gußhaut der Außenfläche und die frühzeitig an der Außenwand abgekühlte Schicht.

Hierdurch entstehen erhebliche Preßreste, die 20÷30% des Barrenkörpers ausmachen.

2. Strangpresse nach Berry (Abb. 21). Um den Preßrest, der bei der Dickschen Presse durch das Gleiten des ganzen Barrens an der Wandung der Kammer sehr hoch ist, zu vermeiden, hat Berry die Presse so durchgebildet, daß

---
[1] Betriebshütte, 3. Aufl. 1929, S. 763. Berlin: Wilhelm Ernst & Sohn.

der Preßkolben feststeht und die ganze Kammer mit dem erwärmten Barren gegen die vom Preßkolben gehaltene Matrize geschoben wird.

Hierdurch behält der Barren an den Außenflächen besser seine Preßtemperatur, wodurch nicht nur der zum Pressen erforderliche Druck geringer wird, sondern auch der Preßrest nur $5 \div 10\%$ des Barrenkörpers beträgt.

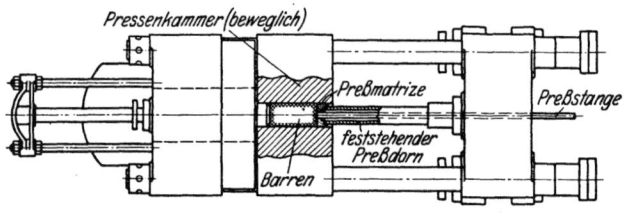

Abb. 21. Strangpresse nach Berry.

Die Preßkammer wird gleichfalls durch Druckwasser vorgeschoben.

Preßprofile von Stangen (Abb. 22). Die gepreßten Stangenprofile sind meistens rund, oval oder rechteckig, da sich diese Formen am besten in der Matrize nacharbeiten lassen.

Je nach dem Verwendungszweck der Stangen werden aber auch schwierige Profile gepreßt, deren Abschnitte als Rohlinge für Preßteile verarbeitet werden, oder die Stangen werden auf Ziehbänken kalt nachgezogen und finden als Leisten und Rahmenteile usw. Verwendung.

Abschneidemaschinen[2]. Die Preßstangen werden auf Kreissägen, mit Hand- oder selbsttätigen Vorschub zu Preßrohlingen zerschnitten.

Als handbetätigte Maschinen kann man gewöhnliche Handhebel-Fräsmaschinen ver-

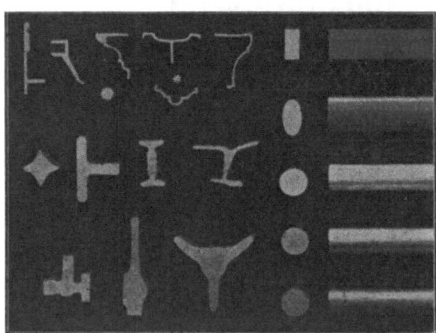

Abb. 22. Profile von gepreßten Stangen.

Abb. 23. Abschneidemaschine für Preßrohlinge.

wenden, bei denen das Sägeblatt auf der Frässpindel befestigt ist. Die Stange wird durch ein Klemmfutter auf dem Tisch festgehalten. Die Länge des Rohlings wird durch einen Anschlag eingestellt, gegen den die Stange von Hand geschoben wird. Es können unter Umständen auch mehrere Rohlinge zu gleicher Zeit abgeschnitten werden.

Bei den Abschneidemaschinen Abb. 23 wird die Stange gegen den Anschlag durch ein besonderes Klemmfutter vorgeschoben, das von der Maschine aus gesteuert wird. Während die Stange festgeklemmt ist, wird die Kreissäge selbsttätig vor und zurück bewegt. Die Vorschubbewegung der Stange, das Öffnen und Schließen der Futter sowie die Querbewegung der Säge wird von einer Kurven-

---

[1] Siehe auch Heft 40: H. Hollaender, Das Sägen der Metalle.

trommel aus gesteuert. Die abgeschnittenen Preßrohlinge fallen selbsttätig in bereitgestellte Kästen.

Beim Zerschneiden von Messing und Aluminium wird als Kühlmittel für die Säge wasserlösliches Bohröl verwendet.

Es muß Vorsorge getroffen werden, daß die beim Schneiden entstehenden Späne durch starke Spülung entfernt werden, weil sie sonst an den Rohlingen festkleben und mit eingepreßt werden, wodurch die Oberfläche der Preßteile unansehnlich wird. Vielfach werden die Späne auch nach dem Schneiden in besonderen Wascheinrichtungen entfernt.

Öfen zum Erwärmen der Preßrohlinge. Die Preßrohlinge werden in kleinen Muffelöfen erwärmt, die durch Gas, Öl und auch elektrisch geheizt sind.

Im allgemeinen erhält jede Presse ihren Ofen, der so bemessen ist, daß nach der Größe der Presse stets genügend Rohlinge erwärmt werden können. Da die Preßdauer zur Fertigung der Preßteile verschieden ist, so empfiehlt es sich, unter Umständen auch zwei kleinere Öfen aufzustellen, um zu vermeiden, daß bei einem zu großen Ofen die Rohlinge zu lange erwärmt werden müssen und dabei eine zu starke Oxydschicht ansetzen.

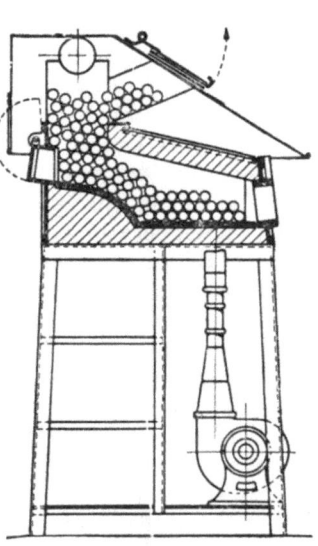

Abb. 24a.   Abb. 24b.
Abb. 24a und 24b. Ofen zum Anwärmen von Preßrohlingen.

Öfen mit einer geschlossenen Muffel werden hauptsächlich zum Erwärmen von Leichtmetallen, wie Aluminium und Elektron, verwendet. Die Temperatur wird durch Pyrometer kontrolliert.

Für Messing werden vielfach gasgeheizte Öfen verwendet, bei denen die Rohlinge in der offenen Flamme erwärmt werden. Um die Wärme der Abgase auszunützen, werden die Rohlinge von oben durch eine Klappe eingeschüttet und rutschen von hinten her in die Muffel, wodurch die Abgase die Rohlinge vorwärmen (Abb. 24). Die Verbrennungsluft für den Ofen wird durch ein unter dem Ofen angebrachtes Gebläse erzeugt.

Bei der Einrichtung der Öfen ist stets zu beachten, daß das feuerfeste Schamottematerial, mit dem die Muffeln meist ausgelegt sind, nicht abbröckelt, da es sonst an dem Preßrohling anhaftet und mit eingepreßt wird. Dadurch ergäben sich bei der Weiterverarbeitung der Preßteile durch spanabhebende Werzkeuge große Schwierigkeiten, weil die Schneidwerkzeuge bei der Berührung mit Schamotte schnell stumpf werden.

Vorsichtiges Einschütten der Preßrohlinge in den Ofen und Vermeidung von Bestoßung der Schamotteausmauerung ist deshalb sehr wichtig. Abgebröckelte Schamotte ist durch häufiges Ausblasen des Ofens oder durch Abwischen der Rohlinge zu entfernen.

Neuerdings hat man die Öfen mit feuerfesten Stahlblechen (Chromnickelstahl) ausgelegt, wodurch die Rohlinge mit der Schamotte nicht mehr in Berührung kommen.

Maschinen zum Formpressen. Zum Formpressen von Metallteilen finden Verwendung:
1. Fallhammer
2. Reibtrieb- oder Spindelpresse
3. Kurbel- und Exzenterpresse
4. Druckwasserpresse.

Der **Fallhammer**, der in der Eisenindustrie zum Schmieden von Teilen im Gesenk in großem Umfange Verwendung gefunden hat, hat sich bei der Verarbeitung von Nichteisenmetallen, besonders beim Pressen von Messingteilen, nicht einführen können.

Obgleich man beim Fallhammer die zur Formgebung erforderliche Schlagarbeit durch die Hubhöhe des Bären genau einstellen kann, zeigt es sich, daß sie zum Auspressen von Teilen, die im Gesenk tiefer eingearbeitet sind, meist nicht ausreicht. Die Ursache liegt darin, daß infolge der hohen Bärgeschwindigkeit bei der Formgebung wohl eine Breitenwirkung, weniger aber eine Tiefenwirkung im Unterteil des Gesenkes erzielt wird.

Beim Pressen von Nichteisenmetallen, besonders bei Messing, muß der Werkstoff bei einem Niedergang des Bären die Form vollständig ausfüllen, weil sonst die Preßtemperatur des Werkstoffes so stark abgefallen ist, daß er nur noch eine geringe Bildsamkeit besitzt, oder aber, daß, wie es bei Messing der Fall ist, die Temperatur in das Gebiet der Warmsprödigkeit kommt ($5 \div 600°$), wodurch die Preßteile leicht Risse erhalten.

Die Verringerung der Preßgeschwindigkeit beim Fallhammer muß durch eine Erhöhung des Bärgewichtes ausgeglichen werden, was jedoch nur beschränkt möglich ist.

Um Preßteile aus Nichteisenmetallen herzustellen, muß der Werkstoff bei nicht zu hoher Preßgeschwindigkeit durch einen prägenden Schlag verformt werden. Hierzu eignet sich besonders die **Reibtrieb- oder Spindelpresse** (Abb. 19 S. 22). Sie besteht in der Hauptsache aus einem Rahmen, in dessen oberem Querstück sich eine Spindel bewegt, an der unten der Bär sitzt. Auf der Spindel ist die Schwungscheibe befestigt, die durch zwei seitlich angeordnete Reibscheiben gedreht und dadurch auf und abwärts bewegt wird. Durch Anpressen der rechten Reibscheibe bewegt sich Spindel mit Bär nach abwärts, durch Anpressen der linken Reibscheibe wieder aufwärts.

Die Maschine läßt sich zum Pressen fast sämtlicher Formteile verwenden, da sie einen verhältnismäßig großen, einstellbaren Hub hat, wodurch sich auch hochgebaute Werkzeuge aufspannen lassen.

Die Bärgeschwindigkeit hat beim Auftreffen des Gesenkes auf den Preßrohling einen Höchstwert erreicht. Die Verformungsenergie des Bären wird aber noch erheblich und nachhaltig verstärkt durch die Energie der bewegten Masse des Schwungrades, so daß ein prägender Schlag erzielt wird. Das ergibt bei der Formgebung neben einer guten Breitenwirkung auch die erforderliche Tiefenwirkung, die zum Auspressen der meisten Preßteile nötig ist.

Bei der Reibtriebpresse erweist sich die Abhängigkeit der Schlagstärke von der Bedienung durch den Arbeiter als ein Nachteil, der besonders bei der Abnutzung der Werkzeuge zum Ausdruck kommen kann. Da der Bär durch das Anpressen der Reibscheibe an das Schwungrad in Bewegung gesetzt wird, so ist die Geschwindigkeit davon abhängig, ob der Arbeiter die Scheiben an das Schwungrad stark genug anpreßt. Durch den Einbau von Federn und Anschlägen kann man den Anpressungsdruck annähernd gleichmäßig halten.

Aber selbst bei gleichem Druck wird der Schlupf zwischen der Reibscheibe und dem Riemen des Schwungrades immer noch von der Beschaffenheit des Riemens abhängig sein, so daß die Schlagstärke der Spindelpressen nie als ganz gleichmäßig angesehen werden kann.

Um diesem Mangel abzuhelfen, hat man vielfach Kurbel- und Exzenterpressen verwendet. Hier ist die Führung des Bären zwangläufig, der Arbeiter hat nur die Maschine einzurücken, so daß alle eingelegten Preßrohlinge gleichmäßig in die Form verpreßt werden.

Ist jedoch der eingelegte Rohling zu stark oder wird er nicht richtig in die Form eingelegt, so würde das Werkzeug oder die Maschine brechen, wenn nicht ein Sicherheitsglied in Form eines Brechtopfes, Scherstiftes, Feder- oder Öldruckreglers eingebaut wäre. Diese Sicherheitsvorrichtungen machen vielfach Schwierigkeiten und geben zu Reparaturen Veranlassung, wodurch Arbeitsausfall hervorgerufen wird.

Der geringe Hub der Kurbel- und Exzenterpressen und die geringe Preßgeschwindigkeit des Bären im Augenblick des Auftreffens haben den Maschinen keine allgemeine Verwendung zum Warmpressen gegeben; sie werden nur für kleinere und mittlere Teile, die keiner großen Verformung bedürfen, benutzt.

Auch die Druckwasserpresse hat sich infolge ihrer geringen Preßgeschwindigkeit zum Warmpressen von Messingteilen nicht einführen lassen, da die eingelegten Preßrohlinge sich abkühlen, ehe sie völlig die Form ausfüllen. Nur zum Pressen von schwerbildsamen Werkstoffen, z. B. Elektron, das nur bei einer geringen Preßgeschwindigkeit verformt werden kann und bei dem infolge der niedrigen Preßtemperatur das Preßmaterial sich nicht so schnell abkühlt, hat diese Maschine größere Bedeutung erlangt. Die Höhe der Druckkraft kann leicht eingestellt werden, so daß die Gesenke nicht überbeansprucht zu werden brauchen.

Bei der Wirtschaftlichkeit der Druckwasserpressen ist stets zu beachten, daß die Erzeugung des Druckwassers sehr teuer ist, zumal, wenn es für größere Anlagen erzeugt werden muß.

Die Wirkungsweise der zum Warmpressen verwendeten Maschinen in kinematischer Beziehung zeigt eine Gegenüberstellung (Abb. 25) bei gleichem Hub und gleicher Geschwindigkeit beim Auftreffen auf das Preßstück.

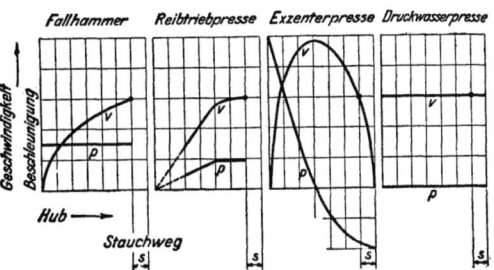

Abb. 25. Kinematik der Maschinen zum Formpressen.
v: Geschwindigkeit. p: Beschleunigung.

Beim freifallenden Hammer nimmt die Geschwindigkeit (v) die Form einer Parabel an, während die Beschleunigung (p) als Erdbeschleunigung gleichbleibt.

Bei der Reibtriebpresse sind zwei Stufen der Geschwindigkeit festzustellen, eine vom Beginn der Bewegung bis zu dem Punkte, wo die Reibscheibe vom Schwungrad abgehoben wird und die andere von hier bis zum Auftreffen auf das Preßstück. Die Geschwindigkeit verläuft gradlinig unter einem Winkel, der sich aus der Konstruktion der Maschine ergibt, bis zum Abheben der Reibscheibe und von da in flacher Parabel des freien Falles auf schiefer Ebene. Die Beschleunigung verläuft ähnlich wie die Geschwindigkeit, nur daß sie einen kleineren Winkel bildet; und nach dem Abheben der Reibscheibe verläuft sie waagerecht als Beschleunigung des freien Falles auf schiefer Ebene.

Bei der Exzenter- und Kurbelpresse sind die Bewegungsvorgänge durch den

Kurbelbetrieb festgelegt. Die Geschwindigkeit hat ihren Höchstwert voreilend bei einer Umdrehung im ersten Quadranten, nimmt dann im zweiten auf Null wieder ab. Die Beschleunigung hat beim Beginn der Geschwindigkeit einen Höchstwert, um beim Höchstwert der Geschwindigkeit in eine Verzögerung überzugehen, die ihre Höchstgrenze beim Hubende erreicht.

Die Kinematik der Druckwasserpresse ist sehr einfach, weil die Geschwindigkeit gleichbleibt und eine Beschleunigung nicht vorhanden ist.

Abgratmaschinen. Die Entfernung des beim Pressen entstehenden Grates geschieht meistens unter Exzenterpressen, jedoch wird auch bei runden Teilen der Grat auf der Drehbank abgestochen, wenn doch gedreht und gebohrt werden muß.

Die Preßleistung der zum Abgraten erforderlichen Exzenterpressen richtet sich nach dem Umfang des abzugratenden Stückes und nach der Stärke des Preßgrates. Im allgemeinen genügen Exzenterpressen von $25 \div 50$ t Druckleistung.

Abb. 26. Beizerei von Warmpreßteilen.

Der Hub soll zwischen 60 und 150 mm verstellbar sein, damit man Preßteile von verschiedenen Formen abgraten kann. Auch ist der große Hub für Schabeschnitte erforderlich, bei dem zwei und mehr Schnittplatten untereinander angebracht sind und der Stempel durch sämtliche Schnittplatten hindurchgehen muß. Zuletzt ist ein genügend weiter Hochgang des Stempels von Vorteil beim Einlegen der Preßteile in die Schnittplatte.

Um an den Exzenterpressen beim Abgraten der Preßteile Unfälle zu verhüten, erhalten die Arbeiter zum Einlegen der Preßteile Zangen und Pinzetten. Außerdem hat jede Maschine eine Sicherheitseinrichtung, die meistens so durchgebildet ist, daß beide Hände die Einrückhebel niederdrücken müssen, um die Maschine einzuschalten.

Zum Abgraten einer großen Anzahl gleicher Preßteile werden vielfach Exzenterpressen mit Rundtisch und Revolverzuführung verwendet, bei denen der Arbeiter die Preßteile nur in die Schnittplatte einzulegen hat. Die Revolverbewegung führt die Teile dann selbsttätig unter den Stempel.

Einrichtung zum Beizen der Preßteile. Vom Erwärmen im Glühofen her sind die Preßteile mit einer Oxydschicht überzogen, die durch Beizen mit Säure beseitigt werden kann.

Die Preßteile aus Messing, Kupfer und Zink werden in Aluminiumkörbe verpackt und zunächst in reiner Salpetersäure gebeizt. Nach dem Abspülen in kaltem Wasser kommen sie in die sogenannte Blankbrenne, einem Gemisch von: Salpetersäure (1 l), Schwefelsäure (1 l), Salzsäure (20 cm³), Glanzruß (10 g). In dieser Beize erhalten die Teile ihre glänzend metallische Farbe.

Aluminium-Preßteile werden in Sodalauge abgelaugt und in 10%iger Salpetersäure gebeizt.

Elektron wird in verdünnter Salpetersäure mit einem Zusatz von Bichromat gebeizt.

Beim Aufbau der Beizeinrichtung muß dafür gesorgt werden, daß die beim

Beizen frei werdenden giftigen nitrosen Gase und auch Säurespritzer die Arbeiter nicht belästigen (Abb. 26). Es sind deshalb die Beiz- und Waschgefäße nach Möglichkeit in einem besonderen Raum oder hinter einer Schutzwand aus Glas aufzustellen. Der Arbeiter kann dann geschützt die Beiz- und Waschgefäße mit dem Beizgut versehen und den Beizvorgang beobachten.

Die Beiz- und Waschgefäße sind außerdem durch Hauben mit selbsttätig schließenden Deckeln abgedeckt, und die Gase werden von hier aus durch Exhaustoren abgesaugt und in Niederschlagstürmen durch fein verteiltes Wasser niedergeschlagen.

Die Abwässer aus den Niederschlagstürmen müssen durch Kalk neutralisiert werden, bevor sie in die Kanalisation abgeleitet werden können.

IX. Konstruktion von Preßteilen.

Für die Konstruktion lassen sich folgende allgemeine Grundsätze aufstellen:

1. Beim Preßteil müssen scharfe Kanten möglichst vermieden werden, da sie für das Preßteil selbst und auch für das Gesenk von schädlichem Einfluß sind. Der Werkstoff wird beim Fließen um eine scharfe Ecke des Gesenkes leicht unganz und bildet beim Rückstauchen eine Falte. Ist dagegen der Querschnitt nicht scharf abgesetzt, sondern der Übergang abgerundet, so breitet sich der Werkstoff allmählich zu dem starken Querschnitt aus und läßt sich dann ohne Faltenbildung zurückstauchen.

Die scharfe Kante im Gesenk nutzt sich beim Pressen schnell ab, d. h. sie nimmt die Form an, die für das Fließen des Werkstoffes am günstigsten ist, so daß auf die Dauer die beabsichtigte scharfe Kante im Preßteil doch nicht erzielt werden kann.

2. Sämtliche Flächen, die in der Preßrichtung des Gesenkes liegen, müssen schräg gehalten werden, damit die Teile sich auf einfache Weise pressen lassen.

Die Innenabschrägung ist bei Hohlkörpern deshalb erforderlich, weil der Werkstoff auf dem Stempel schrumpft und bei zu geringer Abschrägung nur mit einer besonderen Abzieheinrichtung, die im Werkzeug angebracht sein müßte, abgezogen werden könnte.

Dem Preßteil ist auch eine gewisse Außenabschrägung zu geben, weil sich das Gesenk leicht etwas staucht und sich das Preßteil sonst nur schwer aus der Form herausnehmen ließ.

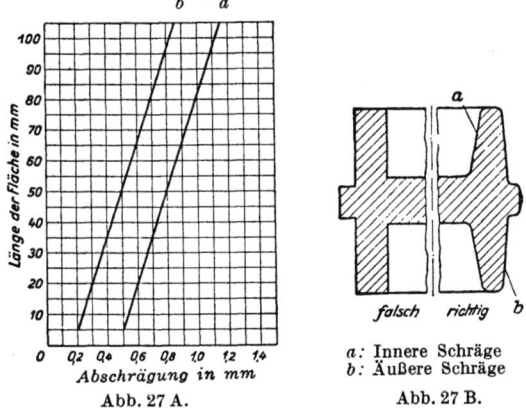

Abb. 27 A und 27 B. Abschrägung an Warmpreßteilen.

In Abb. 27 ist die richtige und falsche Konstruktion eines Preßteiles gezeigt und die Abschrägung der Innen- und Außenflächen in Beziehung zur Tiefe dargestellt. Die Kurven zeigen, daß die Abschrägung innen mehr als doppelt so stark ist wie außen.

3. Bei der Konstruktion von Preßteilen muß darauf geachtet werden, daß eine starke Querschnittsvergrößerung in der Fließrichtung des Werkstoffs vermieden wird; denn hier würde sich die bereits erwähnte Faltenbildung in erhöhtem Maße zeigen. Der Werkstoff könnte beim Pressen, da die Schweißtemperatur nicht er-

reicht wird und sich außerdem eine Oxydschicht durch das Erwärmen gebildet hat, später nicht wieder zusammenfließen, wodurch die Unganzheit der Stücke unvermeidlich würde.

In Abb. 28 ist die Faltenbildung an einer Schlauchkuppelung zu sehen, die durch unsachgemäße Vorpressung entstanden ist. Auf der rechten Seite der Abbildung ist der Werkstoff zusammengepreßt, so daß man die Falten nur schwer erkennen kann. Durch nachträgliches Auseinanderziehen sind die Risse in der Abbildung links deutlich sichtbar geworden.

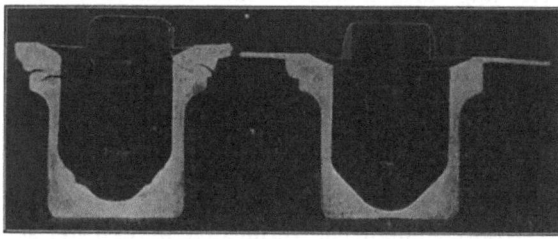

Abb. 28. Faltenbildung an einer Schlauchkupplung.

Wird ein Querschnitt, nachdem er gestreckt (gezogen), am Ende wieder zurückgestaucht, so muß die Stauchung um so geringer bleiben, je mehr vorher gestreckt wurde, wenn nicht Risse entstehen sollen.

4. Häufig werden Metallteile so konstruiert, daß sie auch als Preßteil eine Unterscheidung aufweisen, d. h. die Teile sind in Preßrichtung „unter sich" gearbeitet.

Während beim Gießen dies geringe Schwierigkeiten bereitet, indem ein Kernstück in die Form eingesetzt wird, ist die Einarbeitung beim Pressen sehr umständlich und mühsam. Es müssen besondere Einsatzstücke im Gesenk angebracht werden, die sich beim Niedergehen des Bären seitlich in das Material eindrücken müssen. Nach dem Auspressen der Teile müssen diese Einsatzstücke meist unter Kraftanwendung wieder aus dem Preßstück entfernt werden.

Die Handhabung der Einsatzstücke ist häufig schwierig und zeitraubend, wodurch die Preßteile sich in der Herstellung verteuern. Auch werden die Werkzeuge infolge ihrer besonderen Durchbildung sehr umfangreich und teuer.

Man soll deshalb beim Pressen die Unterscheidungen nach Möglichkeit vermeiden und sie besser durch Spanabnahme nachträglich ausarbeiten.

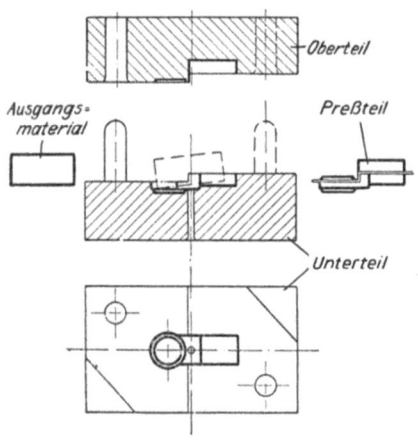

Abb. 29. Schmiege- oder Quetschverfahren.

X. Grundarten des Warmpressens.

Bei dem Preßverfahren lassen sich drei Grundarten unterscheiden, die wiederum in verschiedenen Verbindungen auftreten können.

1. Schmiege- oder Quetschverfahren.
2. Stauchverfahren,
3. Drück- oder Spritzverfahren.

Das Schmiegeverfahren (Abb. 29) ist dadurch gekennzeichnet, daß das Rohmaterial sich in die Form schmiegt, ohne daß Stoffanhäufungen, die die Abmessungen des Rohlings überschreiten, auftreten. Um zum Beispiel einen Kabelschuh zu pressen, legt man den Rohling der Länge nach auf das untere Gesenk und preßt mit dem Obergesenk das Material in die Form.

Beim Stauchverfahren (Abb. 30) wird der Werkstoff an einer bestimmten Stelle angehäuft. Auch hier kann, je nach dem erforderlichen Stauchquerschnitt, das Stück in einem oder mehreren Preßgängen hergestellt werden. Abb. 30 zeigt eine Schieberspindel, bei der ein stärkerer Bund angestaucht wird.

Das **Drückverfahren** wird, ins Große übertragen, auch bei der Erzeugung von Stangen, auf der Strangpresse verwendet (Abb. 31). Es wäre unwirtschaftlich,

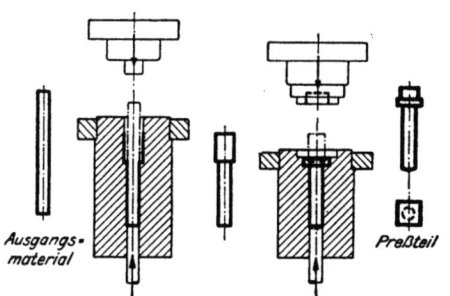
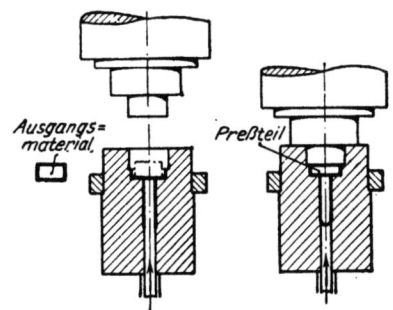

Abb. 30. Stauchverfahren.   Abb. 31. Drückverfahren bei der Herstellung eines Zapfens.

einen ungewöhnlich großen Kopf nach dem Stauchverfahren aus einem schwachen Querschnitt herzustellen, da hierzu viele Stauchungen nötig wären. Dagegen genügt beim Drückverfahren ein einziger Arbeitsgang, wobei der Werkstoff des Preßlings beim Niedergang des Stempels durch eine Öffnung im Untergesenk hindurchgedrückt wird.

Ähnlich wird beim Herstellen einer Kapsel (Abb. 32) durch Einlegen des Werk-

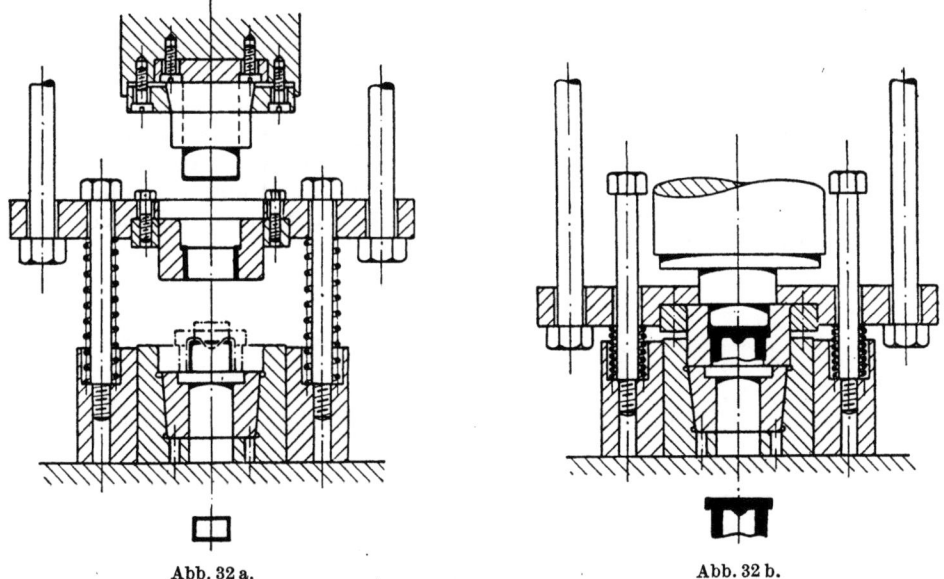

Abb. 32a.   Abb. 32b.
Abb. 32a und 32b. Drückverfahren bei der Herstellung einer Kapsel.

stoffes in eine Kammer, die durch den niedergehaltenen Mittelteil und Unterteil des Gesenkes gebildet ist, der Werkstoff durch den niedergehenden Stempel in eine zylindrische Form nach unten gedrückt.

XI. Herstellungsbeispiele.

An folgenden Beispielen[1] soll die Herstellung von Warmpreßteilen nach den verschiedenen Grundarten gezeigt werden.

Hierbei soll die Herstellungsart nicht als die einzig richtige angesehen werden, sondern die Beispiele sollen nur zeigen, wie man in der Praxis vorgegangen ist.

1. **Messingpreßteile.** a) **Einfachpressungen.** Nach dem Quetschverfahren zeigt Abb. 33 die Herstellung eines Hebels aus dem Abschnitt einer runden Stange. Die Stärke der Stange richtet sich nach dem Werkstoffbedarf des Auges. In Abb. 34 wird eine Fahrdrahtklemme aus dem Abschnitt einer Stange mit ovalem Querschnitt gepreßt. Nach der Entfernung des Außengrates wird der Grat

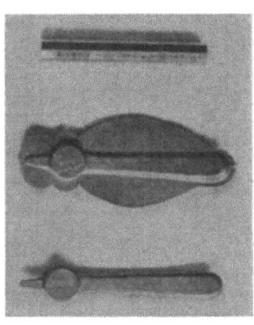

Abb. 33. Hebel (AEG).

Abb. 34. Fahrdrahtklemme (AEG).

in den Verbindungslöchern ausgestanzt. Der Ventilkörper in Abb. 35 ist wieder aus einem Stück Rundstange gepreßt. Da das Preßteil eine gedrungene Form hat, läßt es sich leicht auspressen. Für die Herstellung der Lagerschale in Abb. 36 aus einem Stück Rundstange muß der Werkstoff einen großen Preßweg machen, so daß mit einem sehr hohen Preßdruck gearbeitet werden muß.

 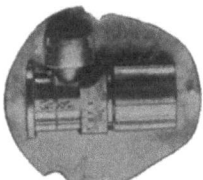 

Abb. 35. Ventilkörper (AEG).

Bei einer großen Anzahl von Preßteilen kommt man für die Rohlinge mit einem gewöhnlichen Rund- oder Flachprofil nicht aus, sondern es müssen, entsprechend der Form, Stangen mit besonderen Profilen hergestellt werden.

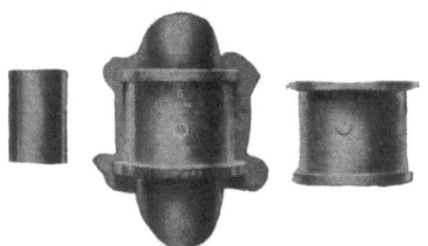
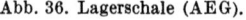
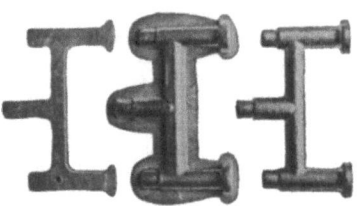

Abb. 36. Lagerschale (AEG).   Abb. 37. Kontaktstück (AEG).

Wenn auch für die Herstellung derartiger Stangen besondere Preßmatrizen angefertigt werden müssen, so werden hierdurch doch meistens Biegevorrichtungen und Vorpreßgesenke erspart, die man sonst zur Vorbereitung der endgültigen Preßform hätte anfertigen müssen.

---

[1] Messing-Preßteile der AEG. Metallwerke Oberspree; der Siemens-Schuckertwerke, Metallwerk Gartenfeld; der Hansa-Metallwerke, Möhringen (Stuttgart); Aluminium-Preßteile der Dürener Metallwerke, Düren (Rheinland); Elektron-Preßteile der J. G. Farben A.-G., Werk Bitterfeld.

Häufig bilden die Sonderprofile die einzige Möglichkeit, wirtschaftlich überhaupt Preßteile herzustellen. So zeigt z. B. Abb. 37 ein Preßteil, das aus einem

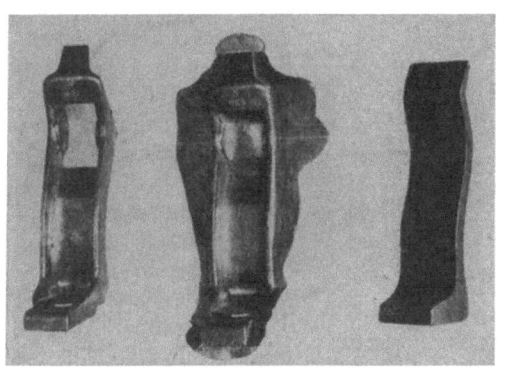

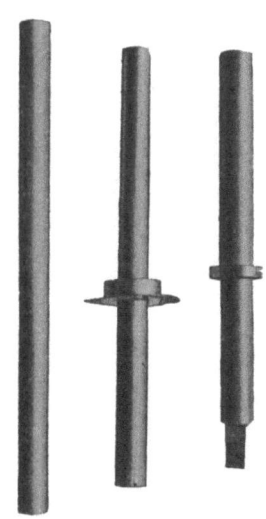

Abb. 39. Ventilspindel (AEG).

Abb. 38. Kontaktfinger mit Gesenk (S.S.W.).

Abb. 40. Verschraubung (Hansa-Metallwerke).

Profilrohling (links) gepreßt ist, weil es sonst nur durch Vorpressen sich würde herstellen lassen. Auch der Kontaktfinger Abb. 38 müßte bei der Verwendung von rundem oder flachem Werkstoff als Rohling erst vorgepreßt werden, um den Werkstoff für das Preßteil zunächst mal richtig zu verteilen. Durch das Profil (links) kann diese Vorpressung erspart werden. Der Durchbruch an dem Preßteil wird im Gesenk so dünnwandig ausgepreßt, daß er sich auf der Abgratpresse leicht ausstanzen läßt.

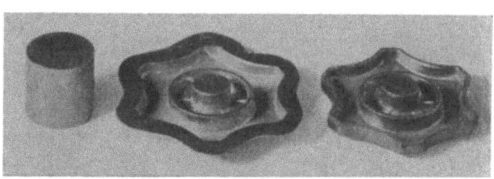

Abb. 41. Tellergriff (Hansa-Metallwerke).

Abb. 42. Überwurfmutter (AEG).

b) Nach dem Stauchverfahren zeigt Abb. 39 die Herstellung einer Ventilspindel mit angestauchtem Bund. Hierfür ist eine Presse mit besonders hohem Hub erforderlich, um den Rohling in das Gesenk einzuführen.

Da die Spindel einen zylindrischen Schaft hat, so kann erst nach einer weitgehenden Abkühlung die gepreßte Spindel aus dem Gesenk herausgestoßen werden.

In Abb. 40 wird nach dem Stauchverfahren aus Rundmaterial eine Sechskantmutter mit Bund gepreßt.

Das Stauchen des flachen Tellergriffs Abb. 41 zeigt, wie breit der Rohling zuerst gestaucht werden muß, um dann die Form auszufüllen.

Bei der Herstellung der Übermutter Abb. 42 wird der Rohling in das Untergesenk hineingestellt und beim Niedergehen des Oberteiles zunächst gestaucht. Erst dann wird durch das Eindringen des Dornes in das Untergesenk die Form voll ausgefüllt. Auf gleiche Weise wird die Kappe (Abb. 43) hergestellt, für die auch das Gesenk als Ober- und Unterteil gezeigt) ist. Da

Abb. 43. Kappe mit Gesenk (S.S.W.).

das Preßteil im Untergesenk auf dem zylindrischen Schaft und zwischen den

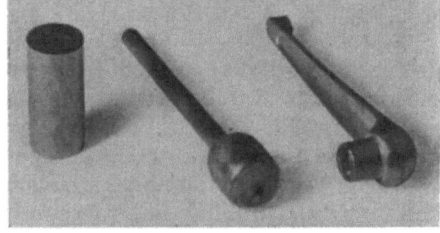

Abb. 46. Kurbel (Hansa-Metallwerke).

Abb. 44. Zapfen (Hansa-Metallwerke).

Ansätzen schrumpft, muß es nachträglich durch einen Auswerfer aus dem Gesenkunterteil herausgestoßen werden.

c) Nach dem Drückverfahren ist in Abb. 44 ein Preßteil hergestellt, bei dem der dünne Teil ausgespritzt ist. Das Uhrfedergehäuse Abb. 45 ist ebenfalls als Hohlkörper nach dem Drückverfahren gefertigt. Die Form des Werkzeuges zeigt Abb. 32 S. 31.

Abb. 45. Uhrfedergehäuse (AEG).

Mehrfachpressungen. Häufig können die Preßteile nicht in einem Preßgang hergestellt werden, weil zuviel Werkstoff in den Grat gehen würde bzw. er sich nicht so weit verformen läßt oder weil beim Pressen sich Falten bilden würden.

Aus diesem Grunde wird in Vorgesenken der Werkstoff durch eine Pressung so weit vorgebildet, daß er bei der Fertigpressung die gewünschte Form voll ausfüllt. Abb. 46 zeigt, wie für die Handkurbel zunächst nach dem Drückverfahren das Materiel vorbereitet wird,

Abb. 47. Vergaserkörper (AEG).

um nach dem Quetschverfahren in dem Fertiggesenk ausgepreßt zu werden.

Abb. 47 zeigt die Mehrfachpressung eines Vergaserkörpers nach dem Quetschverfahren in zweifacher Pressung.

Die Herstellung des Steuerkolbens Abb. 48 in vierfacher Pressung zeigt eine der schwierigsten Messingpreßarbeiten.

Als Preßrohling ist ein Stück gewählt, das bei der ersten Pressung nach dem Drückverfahren zu einem Pilz mit rückgestauchtem Wulst umgeformt wird.

Abb. 48. Steuerkolben (AEG).

In der zweiten Pressung wird aus dem Pilz im Quetschverfahren der Schaft des Kolbens und des Deckels vorgeformt.

In der dritten Pressung wird durch Quetschverfahren der Schaft fertig gepreßt und bei der vierten Pressung wird nach dem Stauchverfahren der Deckel fertiggepreßt und gleichzeitig der Schaft nachgedrückt.

Pressungen mit Unterschneidungen.

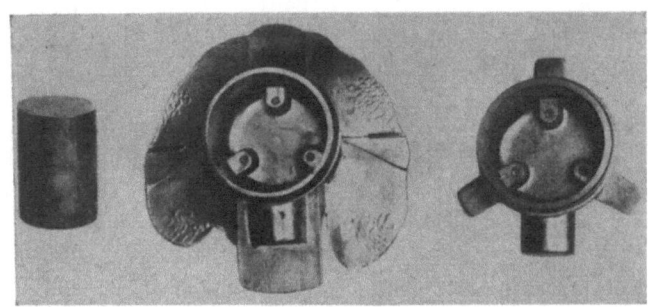

Abb. 49a. Kontaktstück (S.S.W.).

Bei Unterschneidungen, die an den Außenflächen eines Preßteiles liegen, muß das

Gesenkunterteil geteilt ausgeführt werden, damit nach dem Pressen die Hälften des Gesenkunterteiles vom Preßteil losgelöst werden können.

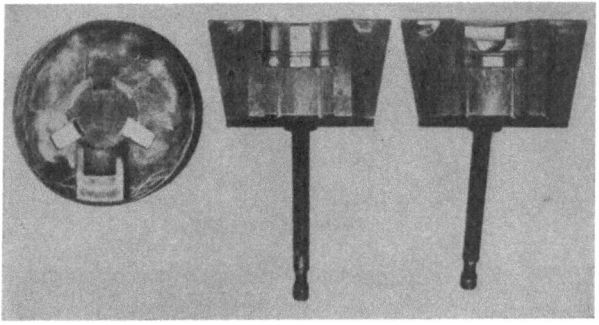

Abb. 49 b. Kontaktstück (S.S.W.).

Abb. 50. Schlauchkupplung (Hansa-Metallwerke).

Abb. 51. Motorkolben aus Duralumin.

Abb. 49 zeigt ein Kontaktstück, das außen im zylindrischen Teil eine Wulst hat. In dem Gesenkunterteil ist diese Wulst als Rille eingearbeitet, und das Preßteil würde sich aus dem Unterteil nicht lösen können, weil die Rille mit Werkstoff ausgefüllt ist.

Nach dem Auspressen und Rückgang des Gesenkoberteiles wird deshalb durch einen Auswerfer das zweiteilige Unterteil aus dem Gesenkgehäuse herausgehoben. (Der Kegel am Gesenkunterteil muß eine starke Steigung haben, damit er sich leicht abheben läßt.) Nun können die Gesenkhälften auseinandergeklappt werden, und das Preßteil liegt frei.

Schwieriger liegen die Verhältnisse bei Unterschneidungen, die im Innern der Preßteile liegen.

Abb. 50 zeigt die Herstellung einer Schlauchkupplung, bei der für den Bajonettverschluß eine Unterschneidung mit eingepreßt werden muß.

Diese Unterschneidungen werden durch zwei Einsatzstücke hergestellt, die in das Gesenk eingeführt werden, nachdem der Rohling eingelegt ist, und die beim Niedergehen des Bärs sich in den Werkstoff einpressen.

Nach dem Hochgang der Presse müssen die Einsatzstücke aus dem Preßteil entfernt werden.

2. Aluminiumpreßteile. In Abb. 51 wird der Herstellungsgang eines Duraluminkolbens gezeigt, für den eine schwere Spindelpresse von $600 \div 800$ t Preßdruck nötig ist.

Der Rohling mit rundem Querschnitt wird auf 480° erhitzt und in das Untergesenk eingebracht, wo der Stempel in den Werkstoff eingetrieben wird.

Trotz des hohen Druckes ist die Stoffverdrängung in jeder Pressung nur verhältnismäßig gering, weil der Werkstoff aus dem Boden, in die dünne Kolbenwandung aufsteigend, verdrängt werden muß, wobei er schnell abkühlt und seine Bildsamkeit abnimmt.

Für den Kolben von 103 mm Durchmesser und 135 mm Höhe sind sechs Pressungen erforderlich.

Der Herstellungsgang einer Duralumin-Pleuelstange ist in Abb. 52 gezeigt.

Aus einer Flachstange wird ein Rohling abgeschnitten und dieser zunächst unter einem Hammer ausgereckt und so der Werkstoff für die weiteren Pressungen verteilt.

Unter einer Spindelpresse mit einem Preßdruck von 300÷600 t werden nun die Formen in Gesenken allmählich ausgepreßt. Nach dreimaligem Pressen mit Abgraten nach jeder Pressung ist die Stange fertig.

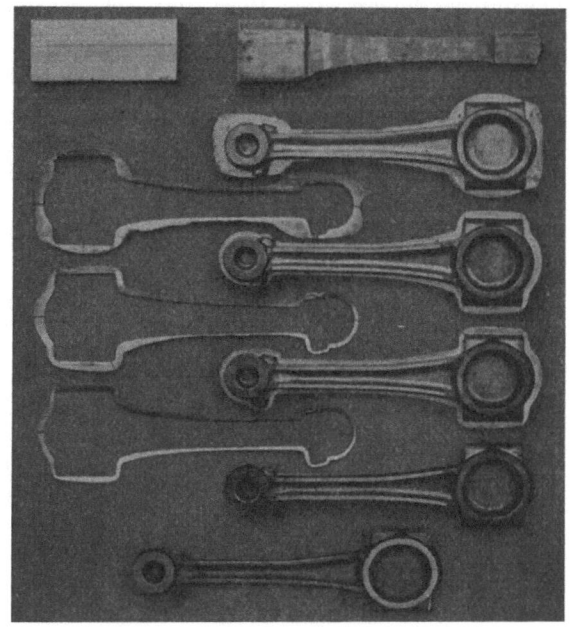

Abb. 52. Pleuelstange aus Duralumin.

Hinterher wird sie auf 520° erhitzt und dann abgeschreckt, wodurch nach fünftägiger Lagerung die Veredelung des Werkstoffes eintritt.

Abb. 53. Motorkolben aus Elektron.

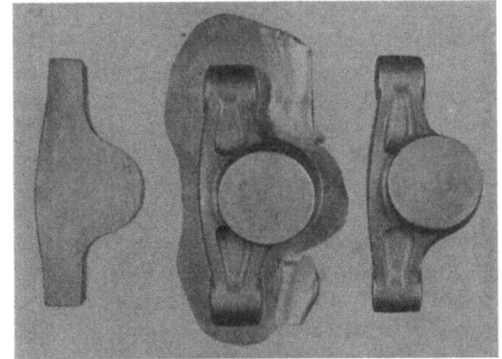

Abb. 54. Kipphebel aus Elektron.

3. Elektron-Preßteile. Die Herstellung eines Automobilkolbens aus Elektron zeigt Abb. 53.

Auf hydraulischen Pressen von 300÷500 t Preßdruck werden aus einem zylindrischen Preßrohling in einem Preßgang Kolben gepreßt, die im Inneren die genauen Abmessungen haben.

Das Kolbenbolzenauge wird mit dem Stahl hinterstochen und außen die ziemlich stark gepreßte Wandung abgedreht. Da Elektron sich leicht zerspanen läßt, so bereitet die Entfernung des überflüssigen Werkstoffes keine Schwierigkeiten. Erst jetzt beginnt die Fertigbearbeitung des Kolbens durch Drehen, Bohren und Schleifen.

Zur Herstellung eines Kipphebels für Verbrennungsmotoren nach Abb. 54 wird ein Profil verwendet, das bereits annähernd die äußeren Umrisse des Preßteiles besitzt. Hierdurch ist es möglich, in einer Pressung das fertige Teil herzustellen, obwohl der hochwertige Werkstoff sich verhältnismäßig schwer verformen läßt.

XII. Werkzeuge.

a) Preßwerkzeuge für die Strangpresse. Das Hauptwerkzeug für die Strangpresse ist die Preßmatrize. Sie besteht aus einer zylindrischen Scheibe, die außen schräge Flächen besitzt, mit denen sie zwischen dem Matrizenhalter und der Preßkammer festgehalten wird (Abb. 55)[1].

Der Matrizenhalter mit der Matrize wird beim Pressen verriegelt, und durch Verschieben der Preßkammer um etwa 10 mm wird sie fest mit der Matrize verbunden.

Das zu pressende Profil wird in die Preßmatrize auf etwa 20 mm Tiefe von der Preßseite aus eingearbeitet, erhält an der Preßseite nur geringe Abrundung und wird an der Auslaufseite frei gearbeitet, damit der Werkstoff der Preßstange frei abfließen kann.

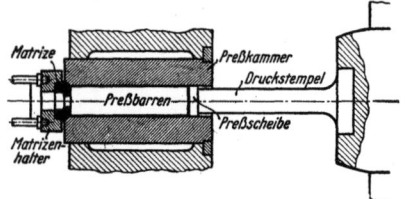

Abb. 55. Preßwerkzeug für Strangpresse.

Vor dem Druckstempel, der schwächer als der Kammerdurchmesser ist, wird eine Preßscheibe gelegt, die sich passend in der Kammer führt.

Als Werkstoff für die Preßmatrizen wird 10%iger Wolframstahl verwendet, der auf 110÷120 kg/mm² Brinellfestigkeit vergütet ist.

Als Werkstoff für die Preßkammer und die Preßteile verwendet man einen Chrom-Nickelstahl mit 6% Ni.

Man versucht auch durch Auflage von Schneidmetall (Stellit, Akrit usw.) die Leistung der Preßmatrize zu erhöhen.

Da beim Pressen, zumal bei den Legierungen über 63% Cu, das Profil der Preßmatrize sich häufig zusammendrückt, so muß es mit einem Dorn wieder kalt aufgetrieben werden, um mit ihm weiterarbeiten zu können.

Die Preßleistung der Matrize richtet sich nach der Art des Profiles und der Preßbarkeit des zu verpressenden Werkstoffes. Bei Rundprofilen werden für gut preßbare Legierungen ($\alpha + \beta$ Messinge) durchschnittlich 5000 Pressungen mit einer Matrize erreicht.

b) Gesenke für die Formpressen. Es sind zu unterscheiden: einteilige Gesenke, zweiteilige Gesenke und dreiteilige Gesenke, die je nach der Form des Preßteiles offen oder geschlossen ausgeführt werden.

Bei einem offenen Gesenk liegt der Grat an der Oberfläche des Unterteiles, während bei einem geschlossenen Gesenk durch Ober- und Unterteil eine Kammer gebildet wird, in die der Preßrohling eingelegt wird. Der Grat liegt in der Tiefe der Kammer oder aber der überschüssige Werkstoff verbleibt am Preßteil.

Häufig wird das Unterteil des Gesenkes in zwei oder mehr Teile zerlegt, die später auseinandergenommen werden, um unterschnittene Preßteile aus der Form entfernen zu können.

Abb. 56 zeigt ein einteiliges offenes Gesenk, in dem ein Kontaktstück gepreßt wird. Die Form ist nur im Unterteil des Gesenkes eingearbeitet, während das Oberteil als Stempel glatt ist.

---

[1] Betriebshütte, 3. Aufl. 1929. S. 758. Berlin: Wilhelm Ernst & Sohn.

Das zweiteilige Gesenk (Abb. 57), in dem ein Ventilkegel gepreßt wird, ist geschlossen und hat ein geteiltes Unterteil, um den gepreßten Kegel aus der Form entfernen zu können.

Das dreiteilige Gesenk (Abb. 58), in dem eine Kappe gepreßt wird, ist ge-

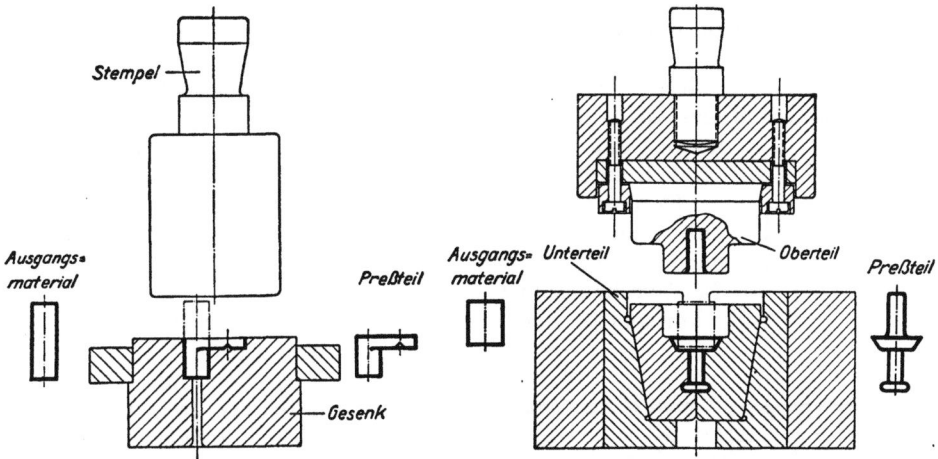

Abb. 56. Einteiliges offenes Gesenk.   Abb. 57. Zweiteiliges geschlossenes Gesenk.

schlossen und hat ebenfalls ein geteiltes Untergesenk, um die unterschnittene Kappe nach dem Auspressen aus der Form herausnehmen zu können.

c) **Aufspannung der Gesenke.** Die Gesenke, die aus hochwertigem Stahl hergestellt sind, werden in ein Gehäuse bzw. Spannkopf eingebunden, damit sie beim Arbeiten zueinander eine genaue Führung haben und auch bei den starken Beanspruchungen durch das Pressen größeren Widerstand besitzen.

Das Gesenkoberteil in Abb. 57 ist im Stempelkopf durch einen übergeworfenen Ring an seiner schrägen Fläche gehalten und auf eine Unterlagsplatte durch Anziehen des Spannringes festgezogen.

Als Aufspannung für das Untergesenk verwendet man entweder einen Ring, wie ihn Abb. 56 zeigt, den man auf das Gesenk aufsetzt, oder das Gesenk wird in ein Gehäuse eingebaut, wie es bei den Abb. 57 und 58 zu sehen ist.

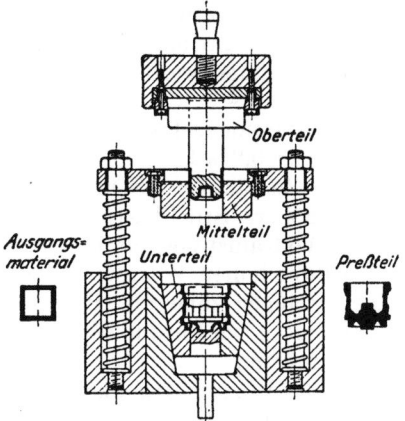

Abb 58. Dreiteiliges geschlossenes Gesenk.

Das Gesenkunterteil erhält im allgemeinen, wenn es festsitzen soll, so schwach schräge Flächen, daß es sich fest im Gehäuse einklemmt und nur mit Gewalt wieder herausgedrückt werden kann.

Anders ist es bei geteilten Untergesenken. Hier muß die Schräge an dem Untergesenk so stark gehalten werden, daß es sich nicht festklemmt und nach jedem Preßgang leicht herausgenommen werden kann.

Das Mittelteil des Gesenkes Abb. 58 ruht in einer Traverse, die auf Federn gehalten wird.

Beim Zusammenfahren der Gesenke führen sich Ober- bzw. Ober- und Mittelteil im Ring oder im Gehäuse des Unterteiles, so daß die Gesenke, unabhängig von den Bärführungen der Maschinen, genau miteinander zusammenarbeiten.

d) Werkzeuge zum Abgraten. Zum Abgraten der Preßteile werden meist offene Schnitte (Abb. 59) verwendet, bei denen die Schnittplatte gehärtet wird und der Stempel weich bleibt. Werden große Stückzahlen abgegratet, empfiehlt es sich jedoch, einen Führungsschnitt anzufertigen, bei dem auch der Stempel gehärtet wird.

Die Stempel erhalten Abstreifer, um den Grat, der sich nach dem Durchdrücken des Preßteiles an dem Stempel hochzieht, zu entfernen. Die Abstreifer können entweder im Werkzeug selbst eingebaut sein oder zusätzlich aufgespannt werden.

Durchzüge, in denen abgegratete Preßteile durch eine unter der Abgratschnittplatte liegende zweite Schnittplatte nachgeschabt werden (s. Abb. 59), sind so zu bemessen, daß die Durchzugsplatte nur 0,1÷0,3 mm enger als die Abgratschnittplatte gehalten wird, weil der Werkstoff sonst beim Schaben ausreißen würde.

Zwischen Abgrat- und Durchzugsplatte muß ein Schlitz freigehalten werden, um die beim Schaben entstehenden Späne zu entfernen. Als Werkstoff für die Schnittplatte wird Gußstahl oder ein chromlegierter Werkzeugstahl verwendet.

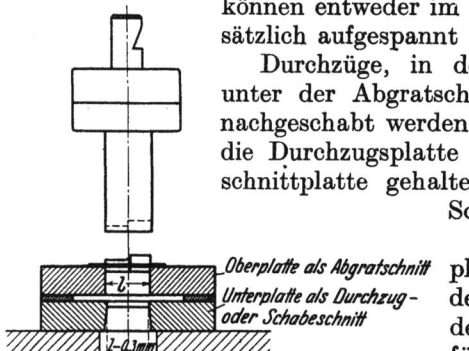

Abb. 59. Abgratschnitt.

Oberplatte als Abgratschnitt
Unterplatte als Durchzug- oder Schabeschnitt

e) Herstellung der Gesenke. 1. Werkstoff. An Warmpreßgesenke für Nichteisenmetalle werden hohe Anforderungen in bezug auf Genauigkeit und Stückleistung gestellt, so daß ausschließlich legierte Stähle mit Chrom-, Nickel- und Wolframzusatz verwendet werden. Chrom erhöht die Härte des Stahles, während Nickel dem Stahl eine große Zähigkeit gibt. Da beide Faktoren beim Pressen in Frage kommen, werden im großen Umfange Chrom-Nickelstähle zu Preßgesenken verwendet.

Die Zusammensetzung der Chrom-Nickelstähle, die im Einsatz gehärtet werden, besteht aus 0,2% C, 1,4% Cr und 4,5% Ni. Bei den Vergütungsstählen ist bei gleichem Zusatz von Cr und Ni der Kohlenstoffgehalt 0,35÷0,45%.

Um höhere Stückleistungen bei den Gesenken zu erreichen, werden vielfach Chrom-Wolframstähle für Warmpreßgesenke verwendet. Diese Stahlsorten haben wegen ihrer hohen Warmfestigkeit eine geringe Neigung zum Verschleiß, sie sind jedoch weniger zäh als die Chrom-Nickelstähle, so daß die Abmessungen der Gesenkblöcke bei Chrom-Wolframstahl stärker als bei Chrom-Nickelstahl gehalten werden müssen.

Für die Wirtschaftlichkeit ist noch von Bedeutung, daß Chrom-Wolframstahl etwa doppelt so teuer ist als Chrom-Nickelstahl. Aus diesem Grunde wird dieser Gesenkwerkstoff nur für Preßteile mit höheren Stückzahlen verwendet.

Für Kalt-Preßgesenke, die zum Nachpressen Verwendung finden, wird meist ein zäher Gußstahl benutzt. Nur bei besonders hochbeanspruchten Teilen nimmt man auch hier einen legierten Stahl.

Die Hauptforderung für den Gesenkwerkstoff ist, daß der Block gleichmäßig im Gefüge, lunker- und rißfrei ist, da sich alle Fehler bei der hohen Beanspruchung des Werkstoffes sehr nachteilig für die Brauchbarkeit erweisen würden.

2. Bearbeitung. Bei der Bearbeitung der Gesenke geht man meistens von einem vollen Stück Werkstoff aus. Während das Zubereiten des Blockes sowie das

Ausarbeiten der Form mit Hilfe von Maschinen geschieht, wird die Fertigverarbeitung von Gesenkmachern von Hand ausgeführt.

Der Gesenkblock wird, je nach seiner Beschaffenheit, auf der Hobel- oder Fräsmaschine außen bearbeitet oder bei Rundgesenken auf der Drehbank gedreht.

Nun beginnt die Ausarbeitung der Form.

Das Anreißen geschieht durch genaues Aufzeichnen der Umrisse der Form auf der Teilfläche (Gratfläche) des Gesenkes, nachdem man zuvor die Fläche mit Kupfervitriol gestrichen hat, damit man den Anriß deutlich erkennen kann.

Wenn sich Gesenke häufiger wiederholen, ist es zweckmäßig, für das Anreißen Schablonen anzufertigen.

Zum Ausarbeiten der Form werden am meisten Senkrecht-Fräsmaschinen verwendet, die, je nach der Größe des Gesenkes, in verschiedenen Abmessungen zur Verfügung stehen müssen.

Das möglichst genaue Ausfräsen der Form ist für die wirtschaftliche Herstellung der Gesenke von ausschlaggebender Bedeutung.

Leider wird dem Ausfräsen der Form häufig nicht die Beachtung geschenkt, die es verdient. Bei einem roh vorgearbeiteten Gesenk hat der gelernte Werkzeugmacher die Hauptarbeit zu leisten, die als Handarbeit sehr teuer wird. Wird die Form indessen genau

Abb. 60. „Van Norman" Universal-Gesenkfräsmaschine.

vorgearbeitet, so braucht der Werkzeugschlosser nur noch die Feinarbeit des Schlichtens zu leisten und spart außerordentlich an Arbeitszeit.

Von den Fräsmaschinen, die zum Teil als Sondermaschinen entwickelt worden sind, wäre die „Van Norman" Universal-Gesenkfräsmaschine Schuchardt & Schütte, Berlin, Spandauerstr. anzuführen (Abb. 60), die eine Senkrecht- und Waagerecht-Fräsmaschine in sich vereint. Außerdem können Flächen im beliebigen Winkel bis 90° gefräst werden.

Die Hauptmerkmale der Maschine sind der verstellbar ausgeführte Spindelschlitten und der drehbare Spindelkopf. Mit einfachen Fräsern lassen sich die mannigfachsten Fräsarbeiten ausführen, meist ohne jedes Umspannen des Arbeitsstückes, so daß in vielen Fällen nicht nur entsprechende Form- und Winkelfräser gespart werden, sondern sich auch die

Abb. 61. Fräsmuster der „Van Norman" Gesenkfräsmaschine.

Anfertigung besonderer Spannvorrichtungen erübrigt (Abb. 61).

Um unter Senkrecht-Fräsmaschinen zwangläufig und durch selbsttätigen Vorschub eingebogene und ausgebogene Zylinderflächen auszufräsen, ist ein Pendelfrästisch (System Papke) entwickelt worden (Abb. 62), durch den eine sehr saubere Fräsarbeit geleistet werden kann.

Man braucht für die Bedienung des Apparates, der auf den Tisch der Senkrecht-Fräsmaschine aufgebaut wird (Abb. 63), keinen hochwertigen Arbeiter, da durch den Apparat die persönliche Geschicklichkeit des Mannes ausgeschaltet wird. Durch die Verwendung einer kurbeltriebsartigen Anordnung wird erreicht, daß der das Werkstück aufnehmende Tisch zwangläufig eine kreisförmige Bewegung gegen den Fräser ausführt.

Abb. 62. Pendelfrästisch (System Papke).

Abb. 64 zeigt im Schema das Entstehen der Zylinderfläche. Dadurch, daß der Mittelpunkt der vier Lagerstellen der Aufspannplatte exzentrisch zur Mittellinie der Schneckenrad-Kurbelwelle fest in den Kulissen gelagert wird, macht der Tisch bei der Drehung der Schneckenwellen eine kreisförmige Bewegung, deren Radius gleich dem Abstande der Mittellinie der Schneckenradwelle bis zu der des Kulissenbolzens ist. Da das Werkzeug, der Fräser, nur eine sich drehende, aber keine Längsbewegung macht, dringt der Fräser in den Werkstoff ein und erzeugt die hohle Form, wenn die Kulissenarme aus der waagerechten Lage einen Kreisbogen nach oben beschreiben. Im umgekehrten Sinne wird eine ausgebogene Form erzeugt.

Der zu dieser Arbeit erforderliche Fräser ist von einfacher Form und entsprechend billig. Es genügen im allgemeinen Schaft- bzw. Fingerfräser, zylindrischer oder kegeliger Form mit abgerundeten Stirnflächen, von denen wenige Größen zur Ausführung aller Fräsarbeiten genügen.

Der Apparat kann auch unter Senkrecht-Langlochfräsmaschinen (Nuten-Fräsmaschinen) Verwendung finden, wodurch vollkommen selbständig längere Zylinderflächen, wie sie z. B. bei der Herstellung von Gesenken zum Pressen von Lagerschalen erforderlich sind, hergestellt werden können.

Runde bzw. zylindrische Formen, die in Preßrichtung des Gesenkes einzuarbeiten sind, werden auf Drehbänken hergestellt.

Abb. 63. Pendelfrästisch auf Vertikalfräsmaschine.

Zum Ausdrehen von Sechskant-Gesenken auf der Drehbank hat man sich eine Sondereinrichtung (Abb. 65) geschaffen, indem der Quersupport der Drehbank mit dem Drehstahl durch ein Sechskant-Kopierstück geführt wird, das sich zwangläufig mit der Arbeitsspindel bewegt. Mit dieser Einrichtung ist es möglich, durch Einstellen von verschiedenen Kopierrollen, sämtliche Sechskantflächen bis auf die scharfen Ecken maschinell sauber auszudrehen.

Die mit obigen Maschinen ausgefrästen Flächen werden von dem Werkzeugschlosser mit Meißel, Feile, Schaber sowie mit Schmirgelhölzern, Puntzen und Stempeln nachgearbeitet. Als Feilen werden besondere Löffelfeilen verwendet, die zum Teil aus den Feilenfabriken bezogen werden oder aber aus handelsüblichen Feilen vom Werkzeugmacher für bestimmte Zwecke angefertigt werden.

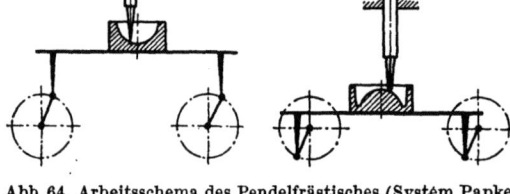

Abb. 64. Arbeitsschema des Pendelfrästisches (System Papke).

Um tiefliegende Formen, an die man mit der Feile nicht heran kann, auszuarbeiten, bedient man sich auch eines Kernes, in den die Form des Gesenkes als Positiv eingearbeitet worden ist. Durch Eintreiben des gehärteten Kernes in den noch weichen Gesenkwerkstoff unter Hand-Spindelpressen lassen sich Maßunterschiede bis zu 0,5 mm ausgleichen.

Man hat auch versucht, die Form nicht nur mittels eines Kernes im kalten Zustande nachzudrücken, sondern als Leisten oder Pfaffen im warmen Zustande in den Gesenkblock einzupressen, um auf diese Weise spanlos die genaue Form herzustellen. Der Leisten ist so angefertigt, daß er tiefer, als die Form es verlangt, in den Gesenkwerkstoff eingepreßt wird, um alsdann auf Grund der Form nachträglich die Oberfläche des Gesenkes nachzuarbeiten.

Diese Herstellungsart, die sich bei flachen Gesenken aus S. M.-Stahl zum Teil sehr gut bewährt hat, hat sich für die Anfertigung von Preßgesenken aus Chrom-Nickel- und Chrom-Wolframstahl nicht durchführen lassen, weil diese legierten Stähle sich hierfür nicht eignen.

In dem Bestreben, sich bei der Ausarbeitung der Gesenkformen möglichst vollkommen von gelernten Arbeitskräften unabhängig zu

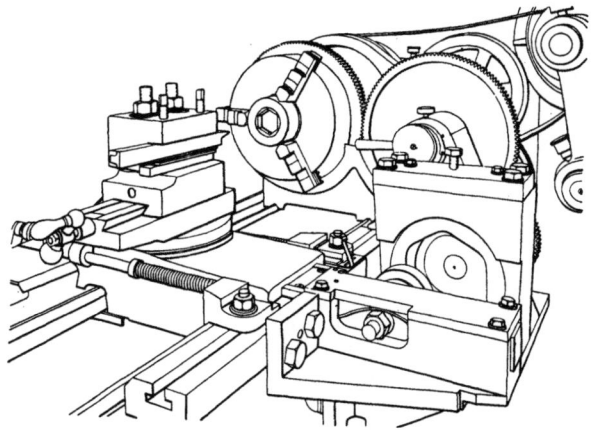

Abb. 65. Sechskant-Kopierdrehbank.

machen und die Herstellungskosten auf ein Mindestmaß zu beschränken, ging man in Amerika dazu über, automatische Gesenk-Kopierfräsmaschinen zu bauen[1]. Wenn auch diese Maschinen sehr teuer und zum Teil in ihrer Behandlung recht empfindlich sind, so geben sie doch die Möglichkeit, große Formen und Gesenke außerordentlich schnell und billig herzustellen.

Zunächst muß ein Modellgesenk angefertigt werden, in dem in einem Kasten, der der Größe des zu verwendenden Gesenkblockes entspricht, in Gips- oder Zementbrei die Form einmodelliert wird. Die auf diese Weise erzeugte Hohlform ist der Ausgangspunkt für die Herstellung des eigentlichen Gesenkes, wenn dieses nur einmal oder in wenigen Stücken gefertigt werden soll.

Ist das gleiche Gesenk oft anzufertigen, so ist es zweckmäßig, das Modellgesenk aus Messing oder Bronze herzustellen.

Das Modellgesenk wird an der oberen Hälfte des Aufspanntisches, der vorgearbeitete Gesenkblock an der unteren Hälfte desselben Tisches befestigt (Abb. 66). Die Oberflächen des Modelles und des zu bearbeitenden Gesenkblockes müssen möglichst in einer Ebene liegen.

Die Fräsmaschine besteht aus einer Frässpindel, die durch einen Taststift, der die Form des Modellgesenkes abtastet, gesteuert wird. Die Bewegung des Taststiftes kann mechanisch oder elektrisch auf die Frässpindel übertragen werden.

Der Fräsvorgang selbst wird in 2÷3 Arbeitsgänge zerlegt. Je nach der Größe des Gesenkes wird mit einem kräftigen Fräser, der durch einen entsprechend starken Taststift gesteuert wird, die Form durch Fortnahme großer Werkstoffmengen vorgeschruppt. Nach Beendigung dieser Arbeit werden Fräser und Tast-

---

[1] Georg Stenzel, Berlin, Friedrichstr.

stift gegen schwache Schlichtfräser und einen dazu passenden Taststift ausgewechselt. Die Spindelgeschwindigkeit wird entsprechend dem geringen Durchmesser des Schlichtfräsers gesteigert und ein feinerer Vorschub gewählt.

Für eine gute Kühlung des Fräsers und Abführung der Späne muß gesorgt werden.

Während des automatischen Fräsvorganges erfordert die Maschine keinerlei Bedienung, außer daß man auf ein gut schneidendes Werkzeug zu achten hat.

Die Keller-Gesenkfräsmaschine nach Abb. 67 arbeitet automatisch in drei Ebenen. Die Spindelbewegungen werden elektrisch gesteuert, indem die Bewegung des Taststiftes durch ein Relais auf die Motore der Vorschubbewegung der Frässpindel übertragen wird. Die elektrische Steuerung arbeitet mit großer Feinheit und Empfindlichkeit.

Um nach dem Fräsen der Gesenke auf der

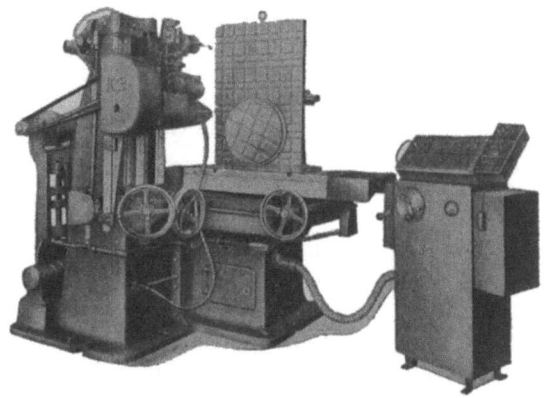

Abb. 66. Frästisch der Gesenk-Kopierfräsmaschine (Bauart Keller).

Abb. 67. Automatische Gesenk-Kopierfräsmaschine (Bauart Keller).

Kopierfräsmaschine die Fräsmarkierungen nachzuarbeiten und die Oberfläche zu glätten, wird eine Universal-Feil- und Schleifmaschine verwendet (Bauart Keller). Die Maschine besteht aus einem in einem Kardangelenk aufgehängten Motor (Abb. 68), der eine bewegliche Welle antreibt, durch die die Rundfeilen oder Schleifscheiben gedreht werden.

Eine Klemmvorrichtung stellt den Motor in der für das Arbeiten der Welle geeignetsten Stellung sicher fest. Die bewegliche Welle hat vier Geschwindigkeitsstufen: 850, 1750, 2625 und 3500 U/min. Zur Erzielung der zum Schleifen und Polieren erforderlichen hohen Geschwindigkeit wird eine besondere Schnellaufvorrichtung eingeschaltet, die die Drehzahlen der beweglichen Welle im Verhältnis von 1:3 steigert, so daß Umdrehungszahlen von 5250, 7875 und 10500 erreicht werden können.

Abb. 69 zeigt eine Zusammenstellung von Rundfeilen, die in der Maschine zum Nacharbeiten der Gesenke verwendet werden. Auch Schleif- und Polierscheiben können als Formscheiben für bestimmte Zwecke ausgebildet werden.

Die Gesenke werden weich auf die genaue Form und das Zusammenfassen der Ober- und Unterteile nachgeprüft, indem Bleiabdrücke oder Schwefelabgüsse gemacht werden. Nach dem Härten muß dies nochmals wiederholt werden, um festzustellen, ob sich die Form hierbei nicht verzogen hat. Das Nachmessen der Form an dem gepreßten vollen Stück ist leichter, als das Nachmessen der hohlen Form

Härten der Gesenke.

Härten der Gesenke. Dem Härten der Gesenke ist die größte Aufmerksamkeit zuzuwenden; denn einmal sind die Werkstoffkosten für den Gesenkblock schon sehr hoch, ferner sind durch die Bearbeitung der Form erhebliche Kosten entstanden und außerdem ist die Güte der Härtung ausschlaggebend für die Leistungsfähigkeit des Gesenkes.

An ein richtig gehärtetes Gesenk werden folgende Anforderungen gestellt:

1. Eine harte Oberfläche, deren Härte so tief geht, daß sich die Oberfläche beim Pressen nicht eindrückt.
2. Die Oberfläche muß die gewünschten Ecken und Kanten unter dem hohen Preßdruck beibehalten.
3. Das Gesenk muß genügende Zähigkeit besitzen.
4. Der Werkstoff muß so beschaffen sein, daß beim Härten keine wesentlichen Formveränderungen eintreten.

Um eine gute Härte zu erzielen, muß bereits beim Erwärmen des Werkstoffes Obacht gegeben werden. Als Ofen ist am besten ein gasgeheizter Muffelofen zu verwenden, dessen Temperatur mit einem Pyrometer einwandfrei gemessen werden kann. Verwendet man einen Flammofen, so soll auch hier die Temperatur gemessen werden, um von dem Auge des Härters unabhängig zu sein.

Abb. 68. Feil- und Schleifmaschine (Bauart Keller).

Von großer Bedeutung ist es, daß der Werkstoff bereits vor dem Härten gut geglüht ist, und daß die Härtetemperatur langsam erreicht wird, damit der Gesenkblock gleichmäßig durchgewärmt ist. Einseitige und zu rasche Erwärmung sind die Hauptquelle, die zu späteren Brüchen der Gesenke führen.

Um Gesenkblöcke von $20 \div 30$ kg gleichmäßig zu erwärmen, soll man mindestens $5 \div 7$ Stunden gebrauchen.

Werden Gesenke im Einsatz gehärtet, so soll die Kohlungstiefe mindestens $1 \div 2$ mm betragen, damit sich die gehärtete Schicht beim Pressen nicht durchschlägt.

Die Härtetemperatur der Chrom-Nickelstähle beträgt $800 \div 900°$, je nach Zusammensetzung der Stahlsorten. Für Chrom-Wolframstahl wird eine Härtetemperatur von $1100 \div 1200°$ benötigt.

Besondere Beachtung erfordert auch das Abkühlen der Gesenke, da sie bei unrichtiger Behandlung entweder nur teilweise hart werden oder Spannungen erhalten, wodurch sie beim Arbeiten leicht platzen.

Das Abschrecken in Öl muß in genügend großen Behältern unter reichlicher Bewegung des Öles oder Werkstückes vorgenommen werden.

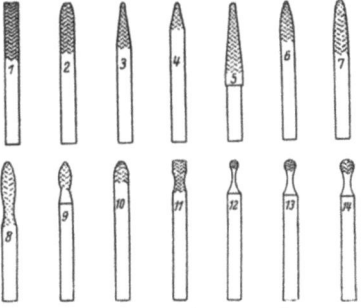

Abb. 69. Feilen für Feilmaschine (Bauart Keller).

Beim Abkühlen in Luft sollen die Gesenke an einem Ort hingestellt werden, an dem ein einseitiger Luftzug unbedingt vermieden wird. Wird im Luftstrom abgekühlt, so muß ebenfalls auf gleichmäßige Umspülung durch die Luft geachtet werden.

Alle Gesenke sollen nach dem Abhärten angelassen werden, um ihnen eine größere Zähhärte zu geben und um auch die noch vorhandenen Spannungen herauszubringen. Bei Chrom-Nickelstahl betragen die Anlaßtemperaturen 300÷400°, bei Chrom-Wolframstahl bis 600°.

Es ist vorteilhaft, die Gesenke, bevor sie in Gebrauch genommen werden, nochmals 24 Stunden an einer Stelle mit gleichmäßiger Erwärmung bei 100° liegen zu lassen, damit auch die letzten Spannungen sich auslösen können.

Zu beachten ist schließlich, daß die Gesenke besonders während der Winterzeit nicht einseitig großen Temperaturunterschieden ausgesetzt werden, da sonst Spannungen auftreten, die gegebenenfalls sogar zum Platzen des ganzen Gesenkblockes führen können.

Die Härte an fertigen Gesenken wird mit der Brinellpresse oder dem Rockwellprüfer auf Druckhärte und mit dem Sleroskop auf Sprunghärte geprüft. Die Gesenke sollen durchschnittlich eine Brinellhärte, bei 3000 kg Druck, 10 mm Kugeldurchmesser und 60 Sekunden Belastungsdauer, von 130÷140 kg/mm² und eine Sleroskophärte von 70÷80 haben.

XIII. Wirtschaftlichkeit des Pressens.

Gesenkkosten. Welche Bedeutung die Werkzeugkosten für die Presserei besitzen, geht aus Abb. 70 hervor, aus der zu ersehen ist, daß die Werkzeugkosten 58% der Gesamtkosten ergeben. Das läßt klar erkennen, daß der Werkzeugfrage in der Metallpresserei eine ausschlaggebende Bedeutung zuzumessen ist.

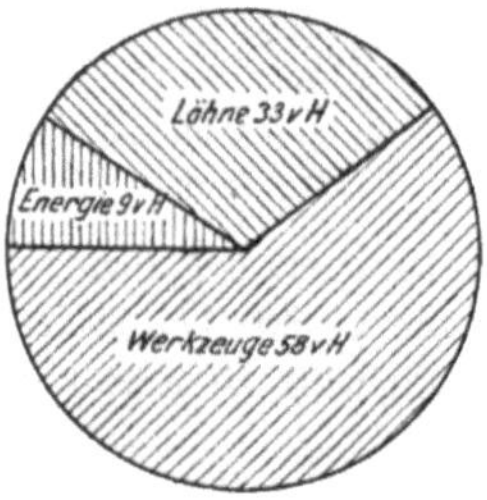

Die Ursache der hohen Werkzeugkosten besteht zunächst einmal darin, daß die Gesenke infolge von Konstruktions- und Werkstoffehlern häufig schadhaft werden. Es sind deshalb die bei der Konstruktion der Preßteile aufgestellten Forderungen im Sinne der Ausnutzung der Gesenke voll zu beachten. Die am meisten verwendeten Chrom-Nickelstähle sind häufig recht ungleichmäßig und enthalten Lunkerstellen. Es müssen deshalb vor Inangriffnahme der Bearbeitung die Rohblöcke auf diese Fehler hin untersucht werden. Auch spielt die Härte des Werkstoffes eine wesentliche Rolle, da sich sonst die Gesenke zu schnell ausschlagen.

Abb. 70. Unkosten einer Warmpresserei.

Gesenkverschleiß. Der normale Verschleiß der Gesenke soll darin bestehen, daß die Oberfläche sich durch die Reibung des gepreßten Werkstoffes abnutzt. Außer dem normalen Verschleiß muß aber mit einer vorzeitigen Rißbildung an der Oberfläche des Gesenkes gerechnet werden, die

1. auf ungeeigneten Werkstoff,
2. auf fehlerhafte Härtung,
3. auf nicht genügendes und unsachgemäßes Anwärmen des Gesenkes vor dem Gebrauch zurückzuführen ist.

Diese schon häufig bei der ersten Inbetriebnahme der Gesenke auftretenden feinen Oberflächenrisse kann man als die Krebskrankheit der Gesenke bezeichnen; denn die einmal vorhandenen Risse werden durch den zu pressenden Werkstoff aufgeweitet, bilden kleine Spalten, in die sich der Werkstoff des Preßteiles wiederum hineinpreßt, wodurch die Oberfläche bald unansehnlich wird (Abb. 71).

Nachstemmen und Ausfeilen der Form hilft nur wenig, da sich die Risse bald in verstärktem Maße wieder zeigen. Außerdem wird durch das Nacharbeiten der Form die Toleranz des Preßlinges überschritten, wodurch die Gesenke frühzeitig Ausschuß werden.

Um diese Krankheit zu verhindern oder hintanzuhalten, ist neben einem geeigneten Werkstoff und richtiger Härtung vor allem erforderlich, daß die Gesenke vor dem Gebrauch gut angewärmt werden; denn hierdurch können die starken Beanspruchungen, die infolge des Warmpressens durch Druck und Temperatur an der Oberfläche auftreten, gemildert werden.

Bei Chrom-Nickelstählen erwärmt man die Gesenke auf 200÷300°, bei Chrom-Wolframstählen kann man mit der Erwärmung bis auf 400÷500° gehen.

Die Preßleistung der Gesenke richtet sich nach dem Verpressungsgrad, den die Preßteile erfahren.

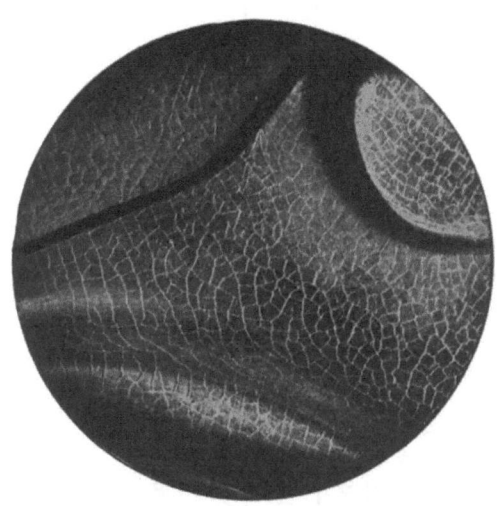

Abb. 71. Oberflächenrisse an einem Gesenk.

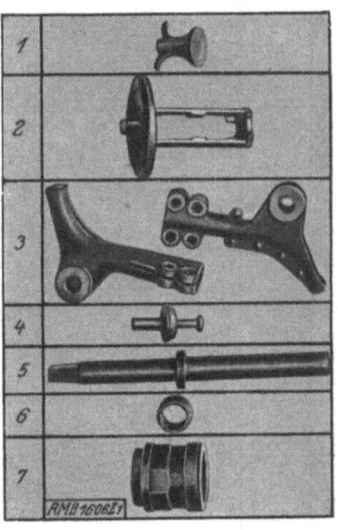

Abb. 72. Kalkulation von Metallteilen.

Für einfache Gesenke erreicht man:
    bei Chrom-Nickelstahl   10÷20000 Stück
    bei Chrom-Wolframstahl 20÷50000 ,,

bei schwierigen Gesenken mit großem Verpressungsgrad
    bei Chrom-Nickelstahl   3000÷10000 Stück,
    bei Chrom-Wolframstahl 5000÷15000 ,,

Vergleich verschiedener Herstellungskosten. Die Wirtschaftlichkeit von Messingpreßteilen gegenüber Rotgußteilen zeigt die Gegenüberstellung der Kalkulationen von 7 Metallteilen (Abb. 72). Der Vergleich Tabelle 14 bezieht sich auf:

1. Bearbeitung aus dem Vollen aus Messingstangen,
2. das Warmpressen und
3. das Gießen als Formmaschinenguß.

Für die Bearbeitung aus dem Vollen sind nur Teile berücksichtigt worden, die auf Revolverbänken von der Stange bearbeitet werden können und an denen leichte Fräsarbeiten auszuführen sind. Hier sind vier Teile durchkalkuliert worden.

Für den Vergleich mit Preßmessing kommt nur Rotguß mit 85% Cu, 5÷15% Sn, Rest Zink in Frage, da Messingguß als minderwertig ausscheidet.

Tabelle 14.

Kostenvergleich für die gleichen Metallteile bei verschiedenen Herstellungsverfahren.

1. Drehen von 100 Stück aus dem Vollen — Gezogene Messingstangen Ms 58

	Nr. 4.	Nr. 7.
Metallteil (s. Abb. 72)		
Werkstoff:		
Ausgangswerkstoff	43 mm ⌀	75 mm ⌀
Werkstoffbedarf	92,5 kg	282 kg
Abfallgewicht	75,5 kg	175 kg
Lohn (produktiv)	9,58 RM	16,68 RM
Ermittlung der Herstellungskosten:		
Werkstoffwert	92,5 · 1,48 RM [1] = 136,4 RM	282 · 1,48 RM = 416,5 RM
Abfallwert	75,5 · 1,0 RM [2] = 75,5 RM	175 · 1,0 RM = 17,5 RM
Werkstoffkosten	60,9 RM	241,5 RM
Produktiver Lohn	9,58 RM	16,68 RM
Unkostenzuschlag 200%	19,16 RM	33,36 RM
Herstellungskosten	**89,64 RM**	**291,54 RM**

2. Pressen von 100 Stück aus Preßstangenabschnitten Ms 58

	Nr. 1.	Nr. 3.	Nr. 4.	Nr. 7.
Metallteil (s. Abb. 72)				
Werkstoff:				
Ausgangswerkstoff	26 mm ⌀	22 mm ⌀	28 mm ⌀	55 mm ⌀
Werkstoffbedarf	28,82 kg	125,3 kg	18.86 kg	123,5 kg
Abfallgewicht + 10% Ausschuß	6,62 kg	45,3 kg	1,86 kg	17,5 kg
Lohn (produktiv)	1,94 RM	18,3 RM	1,66 RM	3,64 RM

Vergleich verschiedener Herstellungskosten.

Ermittlung der Herstellungskosten:			
Werkstoffwert	28,92 · 1,32 RM[3] = 38,2 RM	125,3 · 1,32 RM = 165,2 RM	123,5 · 1,32 RM = 163,0 RM
Abfallwert	6,62 · 1,00 RM = 6,62 RM	45,3 · 1,0 RM = 45,3 RM	17,5 · 1,0 RM = 17,5 RM
Werkstoffkosten	31,58 RM	119,9 RM	145,5 RM
Produktiver Lohn	1,49 RM	18,3 RM	3,64 RM
Unkostenzuschlag 650% . .	12,72 RM	118,9 RM	23,6 RM
Herstellungskosten . . .	**45,24 RM**	**257,1 RM**	**172,24 RM**

3. Gießen von 100 Stück. — Formmaschinenguß aus Rotguß mit 85% Cu, 9% Sn, 6% Zn

	Nr. 1	Nr. 3	Nr. 4	Nr. 7.
Metallteil (s. Abb. 72) . .				
Werkstoff:				
Werkstoffbedarf + 5% Abbrand	30,61 kg	110,88 kg	23,10 kg	146,68 kg
Abfallgewicht + 10% Ausschuß	2,68 kg	9,6 kg	2,0 kg	12,7 kg
Lohn (produktiv):				
Gießlohn	8,71 RM	27,59 RM	5,99 RM	35,87 RM
Bearbeitungslohn	—	8,2 RM	—	—
Ermittlung der Herstellungskosten:				
Werkstoffwert	30,61 · 1,69 RM[4] = 51,73 RM	110,88 · 1,69 RM = 187,39 RM	23,1 · 1,69 RM = 39,04 RM	146,69 · 1,68 RM = 247,91 RM
Abfallwert	2,68 · 1,0 RM[5] = 2,68 RM.	9,6 · 1,0 RM = 9,6 RM	2,0 · 1,0 RM = 2,0 RM	12,7 · 1,0 RM = 12,7 RM
Werkstoffkosten	49,05 RM	177,79 RM	37,04 RM	235,21 RM
Produktiver Gießlohn . .	8,71 RM	27,59 RM	5,99 RM	35,87 RM
Unkostenzuschlag 100% . .	8,71 RM	27,59 RM	5,99 RM	35,87 RM
Produktiv. Bearbeitungslohn		8,2 RM		
Unkostenzuschlag 200% . .		16,4 RM		
Herstellungskosten . . .	**66,47 RM**	**257,57 RM**	**49,02 RM**	**306,95 RM**

[1] Selbstkostenpreis für gezogene Stangen in RM/kg. [2] Abfallpreis für Messingspäne in RM/kg. [3] Selbstkostenpreis für gepreßte Stangen in RM/kg. [4] Selbstkostenpreis für Rotguß Rg 9 in RM/kg. [5] Abfallpreis für Rotgußspäne in RM/kg.

Verlag von Julius Springer / Berlin

Elemente des Werkzeugmaschinenbaues. Ihre Berechnung und Konstruktion. Von Prof. Dipl.-Ing. **Max Coenen**, Chemnitz. Mit 297 Abbildungen im Text. IV, 146 Seiten. 1927. RM 10.—

Die Werkzeugmaschinen, ihre neuzeitliche Durchbildung für wirtschaftliche Metallbearbeitung. Ein Lehrbuch von Prof. **Fr. W. Hülle**, Dortmund. Vierte, verbesserte Auflage. Mit 1020 Abbildungen im Text und auf Textblättern sowie 15 Tafeln. VIII, 611 Seiten. 1919. Unveränderter Neudruck 1923. Gebunden RM 24.—

Moderne Werkzeugmaschinen. Von Ingenieur **Felix Kagerer**. Zweite, verbesserte und erweiterte Auflage. (Bildet Band 3 der „Technischen Praxis".) Mit 155 Abbildungen und 16 Tabellen. 265 Seiten. 1923. Gebunden RM 3.—

Die Grundzüge der Werkzeugmaschinen und der Metallbearbeitung. Von Professor **Fr. W. Hülle**, Dortmund. In zwei Bänden.
Erster Band: **Der Bau der Werkzeugmaschinen.** Sechste, vermehrte Auflage. Mit 512 Textabb. IX, 269 Seiten. 1928. RM 6.50; gebunden RM 7.75
Zweiter Band: **Die wirtschaftliche Ausnutzung der Werkzeugmaschinen.** Vierte, vermehrte Auflage. Mit 580 Abb. im Text und auf einer Tafel sowie 46 Zahlentafeln. VIII, 309 Seiten. 1926. RM 9.—; gebunden RM 10.50

Spanabhebende Werkzeuge für die Metallbearbeitung und ihre Hilfseinrichtungen. Bearbeitet von Direktor **R. Bussien**, Oberingenieur **A. Cochius**, Prokurist **K. Güldenstein**, Ing. **E. Herbst**, Direktor **W. Hippler**, Dr.-Ing. **R. Koch**, Ing. **H. Mauck**, Direktor Dr.-Ing. e. h. **J. Reindl**, Prof. Dr.-Ing. **O. Schmitz**, Dipl.-Ing. **E. Simon**, Prof. **E. Toussaint**. Herausgegeben von Dr.-Ing. e. h. **J. Reindl**, Techn. Direktor der Schuchardt & Schütte A.-G. (Schriften der Arbeitsgemeinschaft Deutscher Betriebsingenieure, Bd. III.) Mit 574 Textabb. und 7 Zahlentafeln. XI, 455 Seiten. 1925. Gebunden RM 28.50

Werkzeuge und Einrichtung der selbsttätigen Drehbänke. Von **Ph. Kelle**, Oberingenieur in Berlin. Mit 348 Textabbildungen, 19 Arbeitsplänen und 8 Leistungstabellen. V, 154 Seiten. 1929. RM 15.—; gebunden RM 16.50

Automaten. Die konstruktive Durchbildung, die Werkzeuge, die Arbeitsweise und der Betrieb der selbsttätigen Drehbänke. Ein Lehr- und Nachschlagebuch von **Ph. Kelle**, Oberingenieur in Berlin. Zweite, umgearbeitete und vermehrte Auflage. Mit 823 Figuren im Text und auf 11 Tafeln, sowie 37 Arbeitsplänen und 8 Leistungstabellen. XI, 466 Seiten. 1927. Gebunden RM 26.—

Leitfaden der Werkzeugmaschinenkunde. Von Prof. Dipl.-Ing. **Herm. Meyer**, Magdeburg. Zweite, neubearbeitete Auflage. Mit 330 Textfiguren. VI, 198 Seiten. 1921. RM 4.—

Verlag von Julius Springer / Berlin

Lehrbuch der Metallkunde, des Eisens und der Nichteisenmetalle. Von Dr. phil. **Franz Sauerwald**, a. o. Professor an der Technischen Hochschule Breslau. Mit 399 Textabbildungen. XVI, 462 Seiten. 1929. Gebunden RM 29.—

Moderne Metallkunde in Theorie und Praxis. Von Obering. **J. Czochralski.** Mit 298 Textabbildungen. XIII, 292 Seit. 1924. Gebunden RM 12.—

Lagermetalle und ihre technologische Bewertung. Ein Hand- und Hilfsbuch für den Betriebs-, Konstruktions- und Materialprüfungsingenieur. Von Oberingenieur **J. Czochralski** und **Dr.-Ing. G. Welter.** Zweite, verbesserte Auflage. Mit 135 Textabbildungen. VI, 117 Seiten. 1924. Gebunden RM 4.50

Werkstoffprüfung (Metalle). Von P. **Riebensahm** und L. **Traeger.** (Werkstattbücher, Heft 34.) Mit 92 Figuren im Text. 68 Seiten. 1928. RM 2.—

E. Preuß, Die praktische Nutzanwendung der Prüfung des Eisens durch Aetzverfahren und mit Hilfe des Mikroskopes. Für Ingeniere, insbesondere Betriebsbeamte. Dritte, vermehrte und verbesserte Auflage. Bearbeitet von Prof. Dr. **G. Berndt** und Prof. Dr.-Ing. **M. v. Schwarz.** Mit 204 Figuren im Text und auf 1 Tafel. VIII, 198 S. 1927. RM 7.80; geb. RM 9.20

Die Werkzeugstähle und ihre Wärmebehandlung. Berechtigte deutsche Bearbeitung der Schrift: „The Heat Treatment of Tool Steel" von H. Brearley von Dr.-Ing. **Rudolf Schäfer.** Dritte, verbesserte Auflage. Mit 226 Textabbildungen. X, 324 Seiten. 1922. Gebunden RM 12.—

Hilfsbuch für Metalltechniker. Einführung in die neuzeitliche Metall- und Legierungskunde, erprobte Arbeitsverfahren und Vorschriften für die Werkstätten der Metalltechniker, Oberflächenveredlungsarbeiten u. a. nebst wissenschaftlichen Erläuterungen. Von Chemiker **Georg Buchner.** Dritte, neubearbeitete und erweiterte Auflage. Mit 14 Textabbildungen. XIII, 397 S. 1923. Geb. RM 12.—

Handbuch der Materialienkunde für den Maschinenbau. Von Geh. Oberregierungsrat Professor Dr.-Ing. **A. Martens †**, Direktor des Materialprüfungsamts in Groß-Lichterfelde. In 2 Teilen. Zweiter Teil: Die technisch wichtigen Eigenschaften der Metalle und Legierungen. Von Prof. **E. Heyn †.** Hälfte A: Die wissenschaftlichen Grundlagen für das Studium der Metalle und Legierungen. Metallographie. Mit 489 Abbildungen im Text und 19 Tafeln. XXXII, 506 Seiten. 1912. Unveränderter Neudruck 1926. Gebunden RM 45.—

Verlag von Julius Springer / Berlin

WERKSTATTBÜCHER
FÜR BETRIEBSBEAMTE, VOR- UND FACHARBEITER
HERAUSGEGEBEN VON DR.-ING. EUGEN SIMON, BERLIN

Bisher sind erschienen (Fortsetzung):

Heft 35: Der Vorrichtungsbau. II: Bearbeitungsbeispiele mit Reihen planmäßig konstruierter Vorrichtungen. Typische Einzelvorrichtungen. Von Fritz Grünhagen.

Heft 36: Das Einrichten von Halbautomaten. Von J. van Himbergen, A. Bleckmann, A. Waßmuth.

Heft 37: Modell- und Modellplattenherstellung für die Maschinenformerei. Von Fr. und Fe. Brobeck.

Heft 38: Das Vorzeichnen im Kessel- und Apparatebau. Von Ing. Arno Dorl.

Heft 39: Die Herstellung roher Schrauben. I. Anstauchen der Köpfe. Von Ing. J. Berger.

Heft 40: Das Sägen der Metalle. Von Dipl.-Ing. H. Hollaender.

In Vorbereitung bzw. unter der Presse befinden sich:

Vorrichtungsbau III. Von Ing. F. Grünhagen.
Lichtbogenschweißen. Von Dipl.-Ing. Ernst Klosse.
Nichteisenmetalle I. Von Dr. Reinh. Hinzmann.
Stanztechnik I und II. Von Dipl.-Ing. Erich Krabbe.
Stanztechnik III. Von Dr.-Ing. Walter Sellin.
Feilen. Von Dr.-Ing. Bertold Buxbaum.

Schmieden und Pressen. Von P. H. Schweißguth, Direktor der Teplitzer Eisenwerke. Mit 236 Textabbildungen. IV, 110 Seiten. 1923. RM 4.—

Die hydraulischen Schmiede-Pressen nebst einer Untersuchung über den Vorgang beim Pressen eines Stahlstückes in geschlossener Matrize. Von Dr.-Ing. F. J. Hofmann. 60 Seiten. 1912. RM 22.—

Spanlose Formung. Schmieden, Stanzen, Pressen, Prägen, Ziehen. Bearbeitet von Dipl.-Ing. M. Evers, Dipl.-Ing. F. Großmann, Dir. M. Lebeis, Dir. Dr.-Ing. V. Litz, Dr.-Ing. A. Peter. Herausgegeben von Dr.-Ing. V. Litz, Betriebsdirektor bei A. Borsig G. m. b. H., Berlin-Tegel. (Schriften der Arbeitsgemeinschaft Deutscher Betriebsingenieure, Band IV.) Mit 163 Textabbildungen und 4 Zahlentafeln. VI, 152 Seiten. 1926. Gebunden RM 12.60

Mechanische Technologie für Maschinentechniker. (Spanlose Formung.) Von Dr.-Ing. Willy Pockrandt, z. Zt. komm. Oberstudiendirektor bei der Staatlichen Maschinenbau- und Hüttenschule Gleiwitz. Mit 263 Textabbildungen. VII, 292 Seiten. 1929. RM 13.—; gebunden RM 14.50

Die moderne Stanzerei. Ein Buch für die Praxis mit Aufgaben und Lösungen. Von Ingenieur Eugen Kaczmarek. Dritte, vermehrte und verbesserte Auflage. Mit 186 Textabbildungen. VIII, 209 Seiten. 1929.
RM 13.—; gebunden RM 14.40

Die Werkzeuge und Arbeitsverfahren der Pressen. Mit Benutzung des Buches „Punches, dies and tools for manufacturing in presses" von Joseph V. Woodworth von Prof. Dr. techn. Max Kurrein, Oberingenieur des Versuchsfeldes für Werkzeugmaschinen an der Technischen Hochschule zu Berlin. Zweite, völlig neubearbeitete Auflage. Mit 1025 Abbildungen im Text und auf einer Tafel sowie 49 Tabellen. IX, 810 Seiten. 1926. Gebunden RM 48.—

MIX
Papier aus verantwortungsvollen Quellen
Paper from responsible sources
FSC® C105338

If you have any concerns about our products,
you can contact us on
ProductSafety@springernature.com

In case Publisher is established outside the EU,
the EU authorized representative is:
**Springer Nature Customer Service Center GmbH
Europaplatz 3, 69115 Heidelberg, Germany**

Printed by Libri Plureos GmbH
in Hamburg, Germany